Welche Zimmerpflanze passt wohin?

JOHANNA KULZER

Welche Zimmerpflanze passt wohin?

Auswahl
Merkmale
Pflege

WAS SIE IN DIESEM BUCH FINDEN

THEMENGRUPPEN

Dauerhafte Blütenpracht 8
Pflanzen mit Dufterlebnis 12
Schmucke Beeren und Früchte 16
Kletterer und Hängepflanzen 20
Pflegeleichte Zimmerpflanzen 24
Stattliche Zimmerbäume 28

BLÜTENFARBEN

Die Farben des Himmels 32
Die Farben der Sonne 36
Die Farben mit Gefühl 40
Eleganz in Weiß 44
Die Farben der Natur 48

BLATTFARBEN

Manche Blätter mögen's bunt 50
Rote Blätter trumpfen auf 54
Blätter in edlem Grau 56
Von gefleckt bis gescheckt 60

INHALT_4|5

LIEBLINGSPFLANZEN

Orchideen – Diven ohne
   Allüren 62
Strandfeeling mit Palmen 66
Üppiges Grün mit Farnen 70
Genügsame Kakteen und
   Sukkulenten 72

WOHNSTILE

Landlust für zu Hause 76
Modernes Ambiente 82
Für romantisches Flair 88
Exotisches für Abenteuer-
   lustige 92

WOHNRÄUME

Lebhaftes Grün für sonnige
   Räume 96
Pflanzen für helle Wohnzimmer 100
Schlafzimmer zum Wohlfühlen 104
Fröhliches Kinderzimmer 108
Badezimmer als Wellness-Oase 112
Diele, Flur und Treppenhaus 116
Arbeiten im Home-Office 120

ANHANG Adressen, die Ihnen weiterhelfen 124 • Stichwortverzeichnis 124
Über die Autorin 127

Einführung

Sie möchten Ihre Wohnung mit Zimmerpflanzen verschönern? Sie wissen, wo Sie gern eine Pflanze hätten, sind sich aber nicht sicher, welche für diesen Standort am besten geeignet ist? Sie haben eine Lieblingsfarbe und suchen Pflanzen mit Blüten oder Blättern in dieser Farbe? Auf diese und weitere Fragen finden Sie in diesem Buch die Antworten. Durch die Einteilung der Pflanzen nach Verwendungsmöglichkeiten bzw. nach interessanten und charakteristischen Merkmalen, gelangen Sie schnell zu Ihren Lieblingspflanzen und können mehr über sie erfahren. Manche Pflanzen sind für verschiedene Verwendungsmöglichkeiten geeignet oder haben mehrere interessante Merkmale, sodass sie an unterschiedlichen Stellen im Buch zu finden sind. Sie können das Buch gezielt als Nachschlagewerk nutzen oder in den Kapiteln, die Sie besonders interessieren, einfach schmökern. In jedem Fall erhalten Sie viele wertvolle Informationen und tolle Anregungen zur individuellen Verwendung und Auswahl Ihrer Lieblingspflanzen.

Pflegehinweise: Grundsätzlich gilt: Je besser der Standort zu den Pflanzenansprüchen passt, umso weniger Aufmerksamkeit ist nötig. Beachten Sie dazu die Piktogramme »Standort« und »Wasserbedarf« sowie die Texthinweise in der Rubrik »Pflege«. Bitte bedenken Sie bei den Lichtverhältnissen, dass die Lichtintensität mit zunehmendem Abstand zum Fenster abnimmt. Vor allem im Winter sollten Pflanzen noch näher zum Fenster rücken. Zeichen für Lichtmangel können »Geilwuchs« (für die Pflanze untypische, lange, dünne Triebe und Blätter) bzw. blasse Blätter sein. Bei den meisten Zimmerpflanzen ist eine leichte Temperaturabsenkung in der Nacht bzw. während der lichtärmeren Monate im Winter erwünscht. Weitere besondere Temperaturansprüche sind in den Porträts erwähnt.

Gießen: Häufig bevorzugen Zimmerpflanzen ein gleichmäßig feuchtes Substrat. Mit ein wenig Fingerspitzengefühl und regelmäßigen Kontrollen in relativ kurzen Abständen gelingt das. Als pflegeleicht gekennzeichnete Pflanzen vertragen auch kurzfristige Schwankungen in die eine oder andere Richtung relativ gut. Andere dagegen nehmen ein Austrocknen oder Staunässe sehr übel. Kontrollieren Sie auf jeden Fall nach dem Gießen den Untersetzer bzw. Übertopf und gießen Sie überschüssiges Wasser weg. Ein ausreichend großes Pflanzgefäß und gegebenenfalls ein wasserspeicherndes Substrat (z. B. Seramis®, Hydrokultur) sind weitere hilfreiche Maßnahmen zur Erhöhung der Gießintervalle. Die meisten Pflanzen bevorzugen kalkarmes Wasser. Sollte ihr Leitungswasser zu hart sein (im Wasserwerk nachfragen), können Sie sich mit Regenwasser oder abgekochtem Wasser behelfen. Gießen Sie generell mit zimmerwarmem Wasser.

Ein bequemer Sessel, ein kleines Tischchen und ein paar Zimmerpflanzen in verschiedenen Größen – und fertig ist die gemütliche Rückzugsecke oder die behagliche Leseecke!

Düngung: Soweit nicht anders angegeben, verwenden Sie in der Hauptwachstumszeit (i. d. R. Frühling bis Herbst) einen handelsüblichen Dünger (stickstoffbetont für Grünpflanzen; phosphatbetont für Blütenpflanzen). Den meisten Pflanzen bekommt es gut, wenn Sie sich bei der Dosierung an der unteren Grenze der Empfehlung orientieren.
Luftfeuchtigkeit: Im Sommer ist sie für die meisten Pflanzen ausreichend (gut lüften, gelegentlich sprühen). Viele tropische Pflanzen leiden aber im Winter bei trockener Heizungsluft unter der niedrigen Luftfeuchtigkeit. Sorgen Sie bei Bedarf zusätzlich für eine Erhöhung der Luftfeuchtigkeit durch Zimmerbrunnen (diese tun den Menschen ebenfalls gut) oder stellen Sie die Pflanzen erhöht auf Untersetzer, die z. B. mit Granulat, Moos oder Kieselsteinen befüllt sind.
Ruhezeiten: Der Großteil der Zimmerpflanzen benötigt eine Ruhezeit – bei uns meist im lichtarmen Winter –, in der weniger gegossen und weniger oder gar nicht gedüngt wird. Dann ist es besonders wichtig, dass die Pflanzen nicht durch erhöhte Temperaturen (z. B. Standort direkt über der Heizung) zum Wachstum angeregt werden. Sofern die Pflanzen spezielle Ruhezeiten haben bzw. besondere Bedingungen benötigen, ist dies in den Porträts erwähnt. Für einige Pflanzen ist die strenge Einhaltung der Ruhezeit für eine spätere Blütenbildung sogar unabdingbar.

Erklärungen zu den Porträts

1. Standort:
☼ Sonnig (z. B. Südfenster), ○ Hell, ohne pralle Sonne (z. B. Süd- oder Westfenster, in jedem Fall mit Schattierungsmöglichkeit), ◐ Halbschattig, Sonne in Maßen (z. B. Ostseite), ● Schattig, keine direkte Sonne (z. B. Nordseite).

2. Regeln fürs Gießen
☞ Substrat vor dem Gießen abtrocknen lassen, ☞ Das ganze Substrat gleichmäßig feucht halten, ☞ Substrat (ständig) sehr feucht halten

3. Wuchshöhe
⬆ 80-100 = Höhenangabe in Zentimeter

4. Blütezeit
✿ 5-7 = In diesen Monaten blüht die Pflanze

Hinweise
D Duftende Blüten bzw. Blätter
! Vorsicht! Enthält giftige Substanzen oder birgt Verletzungsgefahr
– Keine Angabe

THEMENGRUPPEN

Dauerhafte Blütenpracht

Blüten bringen wegen ihrer Schönheit, den Farben und den offensichtlichen Zyklen von Werden, Aufblühen und Vergehen eine besondere Lebendigkeit in jeden Raum. Nicht nur während der dunklen, kalten Jahreszeit, wenn in Natur und Garten das Angebot an Blütenpflanzen rar ist, auch sonst macht es Freude sich mit Blüten zu umgeben, deren Formen uns inspirieren bzw. die unsere Lieblingsfarben tragen.

Dabei können wir wählen: Es gibt »echte« Dauerblüher wie Hibiskus, die vor allem im Winter einen hellen Standort benötigen. Wer wiederum gern jahreszeitbezogen dekoriert oder öfter mal etwas Neues im Zimmer haben möchte, ist mit üppigen Pflanzen, die ganzjährig blühend angeboten werden gut beraten. Die Blüten der Elatior-Begonien halten beispielsweise viele Monate und Pflanzen können nach dem Abblühen jederzeit durch eine neue, vielleicht auch in einer anderen Farbe, ersetzt werden.

Den Traum einer ganzjährigen Blüte kann sich jeder erfüllen: Von der Fensterbank (z. B. mit schattenliebenden Usambaraveilchen oder lichthungrigen Rosen) bis zum sonnigen bodentiefen Fenster (z. B. Chinesischer Roseneibisch).

Der Klassiker Usambaraveilchen, blüht unermüdlich und ist in vielen verschiedenen Farben erhältlich.

1 Katzenschwanz
Acalypha hispida

○ | 🖉 | ↕ 30–50 | ✿ 1–10 | !

Außergewöhnliche samtartige Blütenstände, die entfernt an Katzenschwänze erinnern.
Wuchs: Strauch; kompakt wachsend.
Blüte: Rote, überhängende Blütenstände erscheinen bei optimalen Bedingungen (fast) ganzjährig.
Pflege: Anspruchsvoll. Hell stellen, ohne pralle Sonne. Zur besseren Verzweigung die Pflanze im Frühjahr zurückschneiden. Benötigt eine hohe Luftfeuchtigkeit!

Sorte: 'Alba' – mit cremeweißen Blütenständen.

2 Flamingoblume
Anthurium × scherzerianum, A. × andraeanum

○–◐ | 🖉 | ↕ 30–60 | ✿ 1–12 | !

Elegante Blütenstände und dekorative Blätter.
Wuchs: Kompakt wachsende Pflanzen mit herzförmigem *(A. × andraeanum)* bzw. lanzettförmigem *(A. × scherzerianum)* Laub.
Blüte: Rote Hochblätter; auch Sorten in Weiß, Gelb, Orange, Rosa und Grün. Bei optimalen Bedingungen fast ganzjährige Blüte möglich.
Pflege: Heller Standort (ohne pralle Sonne) und ganzjährig hohe Luftfeuchtigkeit erwünscht.
Hinweis: Enthält giftige Substanzen.

3 Blütenbegonie
Begonia-Elatior-Hybriden

○–◐ | 🖉 | ↕ 20–50 | ✿ 1–12 | –

Unübertroffene Blütenfülle in allen Farben.
Wuchs: Buschig verzweigt.
Blüte: Monatelange, reiche Blütenpracht. Blüten einfach oder gefüllt; in Weiß, Gelb, Orange, Rot, Rosa oder Violett.
Pflege: Sehr pflegeleicht. Am besten halbschattig stellen. Gleichmäßig, aber mäßig wässern. Verblühtes regelmäßig abzupfen.
Hinweis: Eine Weiterkultur nach der mehrmonatigen Blüte lohnt nicht; am besten durch neue Pflanzen ersetzen. Wird ganzjährig angeboten.

THEMENGRUPPEN

Gardenie
Gardenia jasminoides

| ○ | ☞ | ↕ 40-100 | ✿ 1-12 | D |

Anspruchsvolle Blütenpflanze, die bei idealen Bedingungen ganzjährig blüht.
Wuchs: Strauch mit schönen glänzenden Blättern. Eine elegante Erscheinung.
Blüte: Intensiv nach Jasmin duftende, weiße Blüten; ähnlich einer Rosenblüte.
Pflege: Anspruchsvoll. Sehr heller Standort (ohne pralle Sonne), »warme Füße« und luftfeucht. Mit kalkfreiem Wasser gießen. Azaleenerde verwenden. Gleichmäßige Bedingungen.

Chinesischer Roseneibisch
Hibiscus rosa-sinensis

| ☼ | ☞ | ↕ 40-250 | ✿ 1-12 | - |

Schöner Blütenstrauch für sonnigen Standort.
Wuchs: Buschiger, immergrüner Strauch.
Blüte: Trichterartige Blüten in Weiß, Gelb, Orange, Rot, Rosa; einfach und gefüllt. Ganzjährige Blüte bei sonnigem Standort (auch im Winter) möglich.
Pflege: Ist empfindlich gegen Temperaturschwankungen und Standortwechsel. Hoher Nährstoff- und Wasserbedarf im Sommer. Rückschnitt im Frühjahr sorgt für kompakten Wuchs.
Hinweis: Jungpflanzen sind für kompakten Wuchs oft mit Hemmstoffen behandelt.

Gelbe Dickähre
Pachystachys lutea

| ○-◐ | ☞ | ↕ 30-150 | ✿ 1-12 | - |

Strauch mit auffallenden, gelben Blütenständen, die aussehen wie gelbe Ähren.
Wuchs: Strauchig, straff aufrecht. Auch als Hochstämmchen angeboten.
Blüte: Gelbe Blütenstände mit unscheinbaren, kleinen, weißen Blüten stehen über dem Laub.
Pflege: Bei sehr hellem Stand ganzjährige Blüte. Auf gleichmäßige Bodenfeuchte und höhere Luftfeuchte achten. Ein Rückschnitt im Frühjahr erhält den kompakten Wuchs.

Pentas
Pentas lanceolata

◐-◑ | ✍ | ↑ 20-50 | ✿ 9-1 | -

Dankbare und farbenfrohe Blütenpflanze.
Wuchs: Kleiner Strauch.
Blüte: Blütendolden in Weiß, Rosa, Rot, Violett.
Pflege: Standort hell, ohne direkte Sonne. Warm und luftfeucht. Mäßig feucht halten. Mit weichem Wasser gießen. Nach der Hauptblüte im Winter folgt Ruhezeit mit weniger Wassergaben. Für kompakten Wuchs nach der Hauptblüte im Frühjahr zurückschneiden.
Hinweis: Ganzjährig blühend erhältlich.

Topfrose
Rosa-Arten und -Hybriden

☼-○ | ✍ | ↑ 15-40 | ✿ 3-10 | -

Rosen-Romantik für das Zimmer und den Balkon.
Wuchs: Strauchiger Wuchs.
Blüte: In allen Farben erhältlich, z. B. in Weiß, Gelb, Orange, Rot, Rosa, Violett, Grün. Neuere Züchtungen auch mit großen Blüten.
Pflege: Sonniger Standort, im Zimmer ohne pralle Mittagssonne; luftig. Gleichmäßig feucht halten! Verblühtes entfernen. Geschützt auch auf dem Balkon.
Hinweis: Die Überwinterung lohnt meist nicht. Wird ganzjährig angeboten.

Usambaraveilchen
Saintpaulia ionantha

◐-◑ | ✍ | ↑ 5-20 | ✿ 1-12 | -

Nostalgischer Blüher für absonnige Standorte. Schön als Einzelpflanze oder in Gruppen.
Wuchs: Rosettenförmig. Auch als Miniformen erhältlich. Ovale, behaarte, dunkelgrüne Blätter.
Blüte: In Weiß, Rosa, Rot, Blau oder Violett; auch mehrfarbig, gekräuselt oder gefüllt. (Fast) ganzjährig Blüten.
Pflege: Hell bis halbschattig stellen, ohne direkte Sonne. Mäßig feucht halten. Kein Wasser auf die Blätter oder ins Herz gießen!

THEMENGRUPPEN

Pflanzen mit Dufterlebnis

In Drogeriemärkten und Läden für Wohnaccessoires können Sie alle nur erdenklichen Düfte aus der Flasche oder in Form von Duftstäbchen erstehen. Auch wenn diese tatsächlich natürlichen Ursprungs sind, wie anders ist es doch, die Duftquelle in Form von Pflanzen in ihrer ganzen Schönheit vor sich zu haben? Und gerade weil diese Düfte eben nicht permanent zur Verfügung stehen, macht es sie so besonders und einmalig. Und bei den Blattduftern müssen sie noch »entdeckt« werden, weil sie sich erst durch zarte Berührung oder Reiben wirklich erschließen. Dafür können Sie sich aber immer dann, wenn Ihnen danach ist, an ihnen erfreuen und den Duft genießen.

So sehr Sie bestimmte Duftrichtungen auch lieben, denken Sie daran, dass gerade Düfte Geschmackssache sind und Familienmitglieder oder andere Mitbewohner Ihren Lieblingsduft vielleicht nicht mögen. Gerade in bestimmten Räumen, wie dem Schlafzimmer, können Düfte zu intensiv oder auch unerwünscht sein. Dann empfiehlt es sich, auf »diskrete« Blattpflanzen wie Duftgeranien zurückzugreifen, die sogar für (fast) jede Vorliebe einen passenden Duft haben.

So verschieden können Duftpflanzen sein: Jasmin mit Blütenduft (links unten), Zitrusgewächse mit Früchten (Mitte oben) und Rosmarin als Blattdufter (rechts).

DUFTPFLANZEN_12|13

1 Zitrone, Orange etc.
Citrus-Arten

☼-○   ☞   ↕ 30-250   ✿ 5-9   D

Mediterranes Flair für Ihr Zuhause.
Wuchs: Sträucher; auch als Hochstämmchen angeboten. Ledrige Blätter.
Blüte: Intensiv duftende, weiße Blüten. Früchte und Blüten gleichzeitig an einer Pflanze.
Pflege: Kalkfreies, zimmerwarmes Wasser verwenden. Überwinterung bei mindestens 5–10 °C, sparsam gießen. Im Sommer gern draußen.

Arten: Klein bleibende Arten für das Fensterbrett – Fortunella *(Citrus mitis)*, Kumquat *(Citronella japonica)*.

2 Zimmer-Zypresse
Cupressus macrocarpa

○   ☞   ↕ 30-200   ✿ -   D

Die Verwandte der bekannten Zypresse bringt italienische Stimmung in die Wohnung.
Wuchs: Wächst ungeschnitten kegelförmig, ähnlich der Zypresse. Schnellwüchsig.
Blätter: Kleine Blättchen, die zerrieben intensiv nach Zitrone duften.
Pflege: Braucht viel Licht (aber keine pralle Sonne), verliert sonst den kompakten Wuchs.
Hinweis: Schnittverträglich. Attraktiver, vielseitiger »Indoor-Buchs«.

Sorte: 'Golden Crest' – mit hellgrünen Blättern.

3 Gardenie
Gardenia jasminoides

○   ☞   ↕ 40-100   ✿ 1-12   D

Elegante Blüten mit intensivem Duft.
Wuchs: Kleiner Strauch mit schönen glänzenden, dunkelgrünen Blättern.
Blüte: Intensiv nach Jasmin duftende, weiße Blüten; ähnlich einer Rosenblüte. Bei optimaler Pflege ganzjährige Blüte möglich.
Pflege: Anspruchsvoll. Sehr heller Standort (ohne pralle Sonne), »warme Füße« und luftfeucht. Mit kalkfreiem Wasser gießen. Azaleenerde verwenden. Gleichmäßige Bedingungen.

THEMENGRUPPEN

Geißklee
Genista × spachiana

○ | 🖐 | ↕ 30-100 | ❁ 3-4 | D

Duftende, gelbe Blütenpracht im Frühling.
Wuchs: Strauch. Schöner lockerer, buschiger Wuchs. Dreiteilige Blätter.
Blüte: Duftende gelbe Schmetterlingsblüten.
Pflege: Viel frische Luft und Licht. Während der Blüte bis 18 °C. Im Winter bis 10 °C. Eine kühle Überwinterung ist für die Blüte nötig! Liebt kalkhaltiges Wasser! Umtopfen nach der Blüte.
Hinweis: Auch unter *Cytisus × racemosus* bekannt und im Handel.

Jasmin
Jasminum polyanthum

☀-○ | 🖐 | ↕ 25-200 | ❁ 3-5 | D

Duftpflanze für romantische Gemüter.
Wuchs: Starkwüchsiger Kletterer. Auch ohne Blüten eine sehr attraktive Pflanze.
Blüte: Viele weiße, intensiv nach Jasmin duftende Blüten; sternförmig mit Röhre.
Pflege: Während der Wachstumszeit hoher Wasser- und Nährstoffbedarf. Benötigt im Winter zur Blütenbildung eine Ruheperiode bei max. 10 °C.

Arten: *Jasminum officinale* – sehr ähnlich. *Jasminum sambac* – kann wärmer überwintert werden.

Braut-Myrte
Myrtus communis

☀ | 🖐 | ↕ 25-200 | ❁ 6-8 | D

Blattdufter mit nostalgischem Charme.
Wuchs: Grazile Sträucher, auch als Hochstamm.
Blätter: Blätter duften beim Zerreiben würzig.
Pflege: Sonnigen Standort wählen. Viel frische Luft. Kühl überwintern bei max. 10 °C, mäßiger Wasserbedarf. Kalkfreies Wasser verwenden. Schnittverträglich; Formschnitt geht auf Kosten der kleinen, weißen Blüten im Sommer.
Hinweis: Kübelpflanze, die bis 1,5 m hoch werden kann. Im Sommer auf Balkon und Terrasse.

DUFTPFLANZEN _ 14 | 15

4 Duftgeranien
Pelargonium-Arten

☼ ☞ ↕ 20-50 ❀ 5-10 D

Duftpflanzen, die Sammelleidenschaft wecken.
Wuchs: Sträucher aus Südafrika.
Blätter: Samtig behaart; duften bei Berührung nach den verschiedensten »Geschmacksrichtungen«, z. B. nach Rose, Zitrone, Pfefferminze, Muskat, Kiefer, Moschus.
Pflege: Sonnig stellen, den Sommer über im Freien. Mäßig gießen. Im Winter kühler Standort (zur Blütenbildung ca. 10 °C).
Hinweis: Ausgefallenere Arten beispielsweise über Spezialgärtnereien (Internet) beziehen.

5 Königin der Nacht
Selenicereus grandiflorus

○ ☞ ↕ 50-250 ❀ 6-9 D

Die spektakulären Blüten sind der Blickfang an einer relativ unscheinbaren Pflanze.
Wuchs: Die langen Triebe dieser Kakteenart brauchen ein stabiles Klettergerüst.
Blüte: Große duftende, weiße Blüten, die sich nachts nur für wenige Stunden öffnen.
Pflege: Sehr hell stellen, ohne pralle Sonne. Viel Wärme im Sommer, gern im Freien. Ruhezeit nach der Blüte im Winter bei 12-15 °C, mäßig gießen. Wachstumsbeginn wieder im Frühjahr.

6 Kranzschlinge
Stephanotis floribunda

○ ☞ ↕ 50-200 ❀ 5-9 D

Raschwüchsige Schlingpflanze mit ledrigen, glänzenden Blättern und duftenden Blüten.
Wuchs: Kletterpflanze; wird meist an Drahtbügel gezogen. Kann meterlange Triebe ausbilden.
Blüte: Weiße, wohlriechende sternförmige Blüten mit langer Röhre.
Pflege: Viel frische Luft. In der Wachstumsperiode reichlich wässern. Eine kühle Überwinterung bei 12-15 °C ist zur Blütenbildung notwendig. Triebe immer wieder aufbinden.

THEMENGRUPPEN

Schmucke Beeren und Früchte

Bei Fruchtschmuckpflanzen denkt man meist an Zierpaprika oder den Korallenstrauch. Diese sind mit ihren warmen Fruchtfarben in Gelb, Orange und Rot hervorragend als Schmuckpflanzen für den Herbst geeignet. Aber die Sommermonate bieten mit dem Korallenmoos und den verschiedenen *Citrus*-Arten ebenfalls schöne Highlights.
Es gibt aber auch Fruchtschmuckpflanzen, die als solche kaum bekannt sind, z. B. verschiedene *Ficus*-Arten und der Kaffeestrauch. Letzterer bildet rote Beeren aus, deren geröstete Samen die bekannten Kaffeebohnen ergeben. Für Kaffeeliebhaber eine Pflanze mit besonderem Bezug.

Jeder kennt aus seinem Mittelmeerurlaub die Feige (*Ficus carica*) mit ihren wohlschmeckenden Früchten. Neben ihrer sehr bekannten Zimmerpflanzen-Schwester, der Birkenfeige, gibt es andere Feigenarten, die auch im Wohnzimmer dekorative (wenn auch nicht essbare) Früchte ausbilden. Dazu zählen insbesondere die Mistelfeige und die bisher relativ unbekannte *Ficus cyathistipula*, die noch gar keinen deutschen Namen hat.

Das Korallenmoos, hier mit roten und weißen Früchten, wirkt am besten, wenn es zu einer dekorativen Gruppe beispielsweise in einer Schale, arrangiert wird.

1 Spitzenblume
Ardisia crenata

○ ☞ ↑ 40-100 ✿ 8-12 -

Fruchtschmuck, der bis zu sechs Monate lang hält.
Wuchs: Attraktives Zimmerbäumchen mit dekorativen, glänzenden, lorbeerähnlichen Blättern.
Früchte: Rote, kugelige Früchte als schöner Herbst- und Winterschmuck.
Pflege: Für die Haltbarkeit der Früchte sind ein kühler Standort (bis 20 °C) und eine hohe Luftfeuchte nötig. Mäßig feucht halten.
Hinweis: Das Bestäuben der Blüten mit Hilfe eines Pinsels erhöht den Fruchtansatz.

2 Goldorange
Aucuba japonica

◐ ☞ ↑ 50-200 ✿ 4-5 !

Robuste Kübelpflanze mit meist gelb gescheckten, glänzenden Blättern.
Wuchs: Strauch; kann im Alter sehr groß werden.
Früchte: Rote, attraktive Beeren, die an weiblichen (!) Pflanzen erscheinen. Einige Sorten sind auch einhäusig (männliche und weibliche Blüten sitzen an einer Pflanze).
Pflege: Pflegeleicht. Liebt absonnige, kühle Standorte. Im Sommer im Freien. Überwinterung in ungeheizten Räumen (z. B. Treppenhäuser).

3 Zierpaprika
Capsicum anuum

☼-○ ☞ ↑ 15-50 ✿ 9-12 !

Schöne Fruchtschmuckpflanze für die herbstliche Fensterbank.
Wuchs: Strauch; buschig verzweigt.
Früchte: Schoten in verschiedenen Formen (z. B. rund, spitz) und in herbstlichen Farben.
Pflege: Ein heller, luftiger Platz ist ideal. Kühlere Temperaturen verlängern die Lebensdauer der Früchte.
Hinweis: Wird in der Regel nach dem Verwelken der Früchte nicht mehr weiter gepflegt. Enthält giftige Substanzen!

THEMENGRUPPEN

Zitrone, Orange etc.
Citrus-Arten

☼-◐ | 🖐 | ↕ 30-250 | ❀ 5-9 | D

Essbare Zitrusfrüchte zu Hause selber ziehen.
Wuchs: Sträucher; werden auch als Hochstämmchen angeboten. Ledrige Blätter.
Blüte: Intensiv duftende, weiße Blüten. Früchte und Blüten gleichzeitig an einer Pflanze.
Pflege: Kalkfreies, zimmerwarmes Wasser verwenden. Überwinterung bei mindestens 5–10 °C (je nach Art), sparsam gießen. Im Sommer gern draußen.
Hinweis: Größere Pflanzen gut für Wintergärten.

Kaffeestrauch
Coffea arabica

○ | 🖐 | ↕ 30-200 | ❀ 5-8 | -

Sehr dekorative Pflanze mit dunkelgrünen, glänzenden, leicht gewellten Blättern.
Wuchs: Immergrüner Strauch. Weiße Blüten.
Früchte: Die roten Beeren (und die Blüten) erscheinen erst an größeren Pflanzen. Kaffeebohnen sind die gerösteten Samen dieser Beeren.
Pflege: Im Winter leicht unter Zimmertemperatur. Luftiger Standort, keine Zugluft. Höhere Luftfeuchtigkeit. Mit kalkarmem Wasser gießen.

Ficus cyathistipula, Feige
Ficus cyathistipula

○-◐ | 🖐 | ↕ 50-250 | ❀ 8-9 | -

Eine zimmertaugliche Verwandte der mediterranen Feige *(Ficus carica)*.
Wuchs: Strauchig. Mit ledrigen Blättern. Unscheinbare, weißlich-gelbe Blüten.
Früchte: Feigenähnlich, kirschgroß (ungenießbar); erscheinen schon an jungen Pflanzen.
Pflege: Pflegeleicht. Standort hell, ohne direkte Sonne. Ganzjährig bei Zimmertemperaturen. Mäßig feucht halten.
Hinweis: *Ficus* ist eine sehr artenreiche Gattung. Bekannt sind die Birkenfeige *(F. benjamini)* und der Gummibaum *(F. elastica)*.

4 Mistelfeige
Ficus deltoidea

  ↑ 50–100 –

Graziler Feigenbaum mit kleinen Blättern.
Wuchs: Raschwüchsiger Strauch. Ledrige, dreieckige Blätter. Unscheinbare Blüte.
Früchte: Erbsengroße, gelbe Früchte. Erscheinen schon an jungen Pflanzen.
Pflege: Pflegeleicht. Mäßig feucht halten. Ist gut geeignet für beheizte Räume. Kann das ganze Jahr gut im Zimmer gehalten werden.
Hinweis: Unempfindlich gegen trockene Luft.

5 Korallenmoos
Nertera granadensis

  ↑ 5–10 6–10 !

Üppiger Beerenschmuck von Sommer bis Herbst.
Wuchs: Polsterförmiger Wuchs.
Früchte: Kleine, orangerote Beeren, die fast die ganze Pflanze bedecken.
Pflege: Kühle Temperaturen verlängern die Lebensdauer der Früchte. Gießen mit kalkarmem, zimmerwarmem Wasser. Von unten gießen, nicht über die Blätter! Während der Ruhezeit im Winter kühler stellen. Geringer Nährstoffbedarf.
Hinweis: Wird meist nur bis zum Welken der Früchte gepflegt. Enthält giftige Substanzen.

6 Korallenstrauch
Solanum pseudocapsicum

  ↑ 25–80 6–12 !

Beliebte Fruchtschmuckpflanze. Bringt Farbe auf die Fensterbank.
Wuchs: Strauch. Kleine, dunkelgrüne Blätter.
Früchte: Lang haftende Beerenfrüchte in Orange; entstehen aus weißen Blüten.
Pflege: Liebt hellen, luftigen, kühlen Standort. Im Sommer gern im Freien. Früchte halten bei kühlen Temperaturen länger. Hoher Nährstoffbedarf.
Hinweis: Wird meist nach dem Welken der Früchte verworfen. Enthält giftige Substanzen.

Kletterer und Hängepflanzen

Wer wenig Stellfläche hat, sich aber trotzdem mit schönen Blüh- und Blattpflanzen umgeben möchte, dem bieten sich mit Hänge- oder Kletterpflanzen viele interessante Möglichkeiten. Sie beanspruchen wenig Platz und können ungenutzte oder unschöne Ecken mit frischem Grün bereichern. Besonders in hohen Räumen, wo es schwierig sein kann, auch in der Höhe Akzente zu setzen, bieten sich Hängepflanzen an.
Manchmal sind es aber auch einfach kahle Wände, die durch Pflanzen verschönert werden wollen. Stimmen Sie die Bepflanzung auf jeden Fall auf das vorhandene Lichtangebot ab: Wenn die Lichtintensität für die Pflanze nicht ausreicht, bekommt sie lange, dünne Triebe mit kümmerlichen Blättern.

Eine noch wenig genutzte Möglichkeit ist, Pflanzen aktiv als Raumteiler einzusetzen. Das könnte ein »Vorhang« aus Ampelpflanzen sein, aber auch ein Rankgitter mit Pflanzkasten – wie man es von der Terrassenbegrünung kennt – kann ebenso gut in der Wohnung verwendet werden.
Selbst »en miniature« lassen sich mit Hänge- bzw. Kletterpflanzen auf einer kleinen Fensterbank reizvolle Akzente setzen. Zierliche Hängepflanzen kommen beispielsweise sehr schön in stilvollen, hohen Amphoren zur Geltung.

Wie wäre es zur Abwechslung einmal mit grünen Gardinen statt Stoffgardinen? Mit der pflegeleichten Tradeskantie oder dem hängenden Fuchsschwanz gelingt's.

KLETTERER UND HÄNGPFLANZEN _ 20|21

1 Kriechende Samtpappel
Abutilon megapotamicum

○ ↑ 30-150 3-11 -

Strauch mit leicht überhängenden Trieben und auffälligen Blüten in Rot-Gelb.
Wuchs: Buschig, mit überhängenden Trieben. Ist deshalb gut für Ampeln geeignet. Auch Sorten mit goldgelb gefleckten Blättern.
Blüte: Auffällige, laternenartige Blüten in einem kräftigen Rot-Gelb.
Pflege: Im Sommer luftig, sehr hell, ohne pralle Sonne; gern im Freien. Im Winter kühler stellen bis max. 15 °C und weniger gießen. Rückschnitt im zeitigen Frühjahr.

2 Hängender Fuchsschwanz
Acalypha hispaniolae (A. chamedrifolia)

○ ↑ 25-50 1-10 !

Anspruchsvolle Pflanze mit kleinen, roten »Fuchsschwänzen« als Blütenstand.
Wuchs: Buschig überhängend.
Blüte: Samtartige rote Blütenstände, die an den weiblichen Pflanzen erscheinen.
Pflege: Ganzjährig bei Zimmertemperaturen. Hohe Luftfeuchtigkeit ist Voraussetzung für eine erfolgreiche Pflege. Verblühtes entfernen.
Hinweis: Enthält giftige Substanzen.

3 Schamblume
Aeschynanthus-Arten

○ ↑ 30-150 6-9 -

Sehr elegante Pflanze, farbenprächtige Blüten.
Wuchs: Wird meist als Hängepflanze gehalten; auch für Epiphytenstamm geeignet. Dunkelgrüne, ledrig fleischige Blätter.
Blüte: Gelb, orange oder rot, je nach Art.
Pflege: Anspruchsvolle Pflanze. Sehr heller Standort. Hohe Luftfeuchtigkeit! Mäßiger Wasserbedarf. Zur Blütenbildung mehrwöchige Ruhezeit im Winter einhalten bei ca. 15 °C.

Art: *A. marmoratus* – hat dekoratives, schön marmoriertes Laub.

THEMENGRUPPEN

Bougainvillee
Bougainvillea spectabilis

   25-300   5-9 -

Für ein mediterranes Ambiente zu Hause. Ideal für Wintergärten.
Wuchs: Kletternd, mit Rankhilfe.
Blüte: Prachtvolle Hochblätter in Weiß, Gelb, Orange, Rosa oder Violett.
Pflege: Liebt volle Sonne und Wärme; im Sommer auch draußen. Im Winter Ruhephase bei ca. 15 °C. Rückschnitt im Frühjahr vor dem Austrieb und nach jedem Blütenschub fördert die Verzweigung und den Blütenansatz.
Art: *B. glabra* – ist etwas robuster, benötigt im Winter aber kühlere Temperaturen bis 10 °C, trockener halten.

Codonanthe
Codonanthe crassifolia

   25-60   6-9 -

Pflegeleichte Hängepflanze mit grazilem Wuchs und zarten Blüten.
Wuchs: Hängend. Am besten in Ampeln ziehen.
Blüte: Kleine Blüten weiß und orange.
Pflege: Unkompliziert. Standort hell, ohne pralle Sonne. Ganzjährig bei Zimmertemperaturen.
Hinweis: Kleine, orangefarbene Früchte bei optimalen Bedingungen.

Wachsblume
Hoya lanceolata subsp. *bella*

   25-60   5-10 D

Anspruchsvolle Ampelpflanze mit eleganten weißen Blüten.
Wuchs: Hängender Wuchs.
Blüte: Grazile weiße, sternförmige Blüten, die nach unten geneigt sind.
Pflege: Im Winter etwas kühler stellen bei ca. 18 °C. Luftfeucht (im Gegensatz zu *H. carnosa*)!
Hinweis: Knospige Pflanzen nicht drehen.
Art: Nah verwandt ist die wüchsigere, pflegeleichtere *H. carnosa*, deren Triebe sehr lang werden können.

KLETTERER UND HÄNGEPFLANZEN _ 22|23

4 Dipladenie, Falscher Jasmin
Mandevilla sanderi

○ | 🖐 | ↕ 25–200 | ✿ 4–10 | !

Üppig blühende Kletterpflanze mit schönen Blättern.
Wuchs: Schlingpflanze. Glänzende Blätter.
Blüte: Rosa mit gelbem Schlund.
Pflege: Ruhezeit im Winter bei 15 °C. Rückschnitt im Februar, dann wieder heller und wärmer stellen. Ruhephase und Rückschnitt sind wichtig für einen reichen Blütenansatz.
Hinweis: Enthält giftige Substanzen.

Art/Sorte: *M. boliviensis* – blüht weiß; *M.* 'Sundaville red' – blüht rot.

5 Erbsen am Band
Senecio rowleyanus

☼–○ | 🖐 | ↕ 20–50 | ✿ – | !

Außergewöhnliche, skulpturale Ampelpflanze, die auch gut für Anfänger geeignet ist.
Wuchs: Die hängenden Triebe sehen aus wie grüne Perlenschnüre.
Blätter: Blätter sind zu kleinen grünen Kugeln verdickt, die wie Erbsen aussehen.
Pflege: Sehr anspruchslos. Da die Blätter Wasser speichern hat sie nur einen geringen Wasserbedarf. Im Winter trockener halten.
Hinweis: Enthält giftige Substanzen.

6 Purpurtute
Syngonium podophyllum

○–◐ | 🖐 | ↕ 50–200 | ✿ – | –

Kletternde Blattschmuckpflanze für ganzjährige Zimmerkultur.
Wuchs: Als Hängepflanze oder an einem Spalier bzw. an einem Moosstab ziehen.
Blätter: Blätter an Jungpflanzen sind pfeilförmig; ältere Blätter geteilt. Meist mit gelblich oder weiß gemustertem Laub.
Pflege: Wünscht eine höhere Luftfeuchte. Panaschierte Sorten sind empfindlicher und benötigen auch mehr Licht als grüne Sorten.

Pflegeleichte Zimmerpflanzen

Die Pflanzen in diesem Kapitel gehören seit Jahrzehnten zu den bewährten und beliebten Anfängerpflanzen, die nicht gleich jeden Pflegefehler übel nehmen. Auch wer es gern pflegeleicht mag, braucht auf üppiges Grün – sei es für die Fensterbank oder einen Zimmerbaum – nicht zu verzichten. Oft bleibt im hektischen Alltag nur wenig Zeit, um sich um seine grünen Hausgenossen zu kümmern: Familie, Beruf, Freizeitaktivitäten und vielleicht auch längere (berufliche) Abwesenheiten von zu Hause fordern ihren Tribut. Bei Mehrpersonenhaushalten kommt es auch oft noch zu anderen Problemen: Beim Gießen verlässt sich einer auf den anderen und dann greifen – aus schlechtem Gewissen – meistens alle auf einmal zur Gießkanne, sodass die Wasserversorgung der Pflanzen oft zwischen längerer Trockenheit und Staunässe schwankt. Stresssituationen, die viele Pflanzen auf Dauer nicht verzeihen. Die hier vorgestellten Pflanzen sind insgesamt sehr robust und nehmen es nicht sofort übel, wenn das Gießen mal vergessen wird. Fußbäder sollten Sie allerdings auch hier vermeiden. Tipp: Kontrollieren Sie nach dem Gießen den Untersetzer bzw. den Übertopf und gießen Sie überschüssiges Wasser weg.

Eine üppig wachsende Monstera ergibt eine gelungene Begrünung mit minimalem Pflegeaufwand.

1 Schusterpalme
Aspidistra elatior

◐-● | ☞ | ↑ 50-70 | ✿ - | -

Sehr anspruchslos. Nimmt außer Staunässe und direkter Sonne so leicht nichts übel.
Wuchs: Buschiger Wuchs.
Blätter: Schlicht-elegante aufrechte, lanzettförmige, dunkelgrüne Blätter. Auch Sorten mit hell gesprenkelten oder weiß gestreiften Blättern.
Pflege: Grüne Arten auch für lichtarme Standorte geeignet. Weiß-bunte Sorten heller Standort. Im Winter sind kühlere Temperaturen möglich. Im Sommer gern im Freien. Mäßiger Wasserbedarf.

2 Zimmerhafer
Billbergia nutans

○ | ☞ | ↑ 40-60 | ✿ 10-12 | -

Robuste Anfängerbromelie mit üppigem Wachstum. Am besten in Einzelstellung.
Wuchs: Rosettenförmig. Durch Kindelbildung entsteht eine üppige Pflanzengruppe. Herunterhängende Blüten mit roten Hochblättern.
Blätter: Schmal, ledrig, bogig überhängend.
Pflege: Im Sommer auch Wasser in den Trichter, im Winter weniger gießen. Weiches, zimmerwarmes Wasser verwenden. Gelegentlich besprühen.
Hinweis: Ist leicht aus Kindeln zu vermehren.

3 Grünlilie
Chlorophytum comosum

☼-◐ | ☞ | ↑ 30-50 | ✿ - | -

Beliebte, elegante Starter-Pflanze für Anfänger.
Wuchs: Rosettenförmig. Bildet lange Blütenschäfte mit unscheinbaren Blüten, an denen sich Kindel entwickeln (üppige »Schleppe«).
Blätter: Bogig überhängend. Schmale grüne Blätter; auch Sorten mit grünem oder weißem Streifen mittig bzw. außen am Blattrand.
Pflege: Pflegeleicht. Hell, aber keine pralle Sonne. Panaschierte Arten benötigen etwas mehr Licht als grüne.
Hinweis: Kindel zur Vermehrung abnehmen.

THEMENGRUPPEN

Geldbaum
Crassula ovata

   ↕ 25–150 – –

Diese Sukkulente sieht schon als Jungpflanze wie ein kleiner Baum aus.
Wuchs: Baumartiger Wuchs; deshalb auch oft als »Deutsche Eiche« bezeichnet.
Blätter: Dicke, runde Blätter (»Münzen«), die Wasser speichern.
Pflege: Mäßiger Wasserbedarf. Im Sommer gern im Freien (Regenschutz!). Im Winter kühler und fast trocken halten.
Sorte: 'Horntree' – mit länglichen, saugnapfartigen Blättern.

Gummibaum
Ficus elastica

 ↕ 50–250 – –

Der Gummibaum erlebt wieder – zu Recht – eine Renaissance.
Wuchs: Buschig. Rechtzeitiges Kappen des Haupttriebes fördert schöne Verzweigung.
Blätter: Große, sattgrüne Blätter. Auch Sorten mit sehr dunklen oder weiß-randigen Blättern.
Pflege: Mäßiger Wasserbedarf. Im Winter gern etwas kühler bei 15–18 °C und weniger gießen. Blätter gelegentlich feucht abwischen.

Fensterblatt
Monstera deliciosa

   ↕ 50–200 – !

Imposante Erscheinung mit dekorativen Blättern, auch für ungeübte Zimmergärtner.
Wuchs: Kletternde Pflanze mit ausladendem Wuchs. An einer stabilen Stütze aufbinden.
Blätter: Vor allem ältere Blätter zeigen die typischen Einschnitte und Löcher und können sehr groß werden.
Pflege: Ist für gelegentliches Sprühen dankbar. Blätter ab und an feucht abwischen. Die Luftwurzeln nicht abschneiden!
Hinweis: Enthält giftige Substanzen.

Kanarische Dattelpalme
Phoenix canariensis

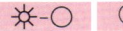 ↑ 100-250 -   -

Robuste Anfänger-Palme für Urlaubsfeeling.
Wuchs: Palme wächst ausladend. Benötigt, um richtig zu wirken, am besten eine Einzelstellung.
Blätter: Typische Palmenblätter mit steifen, gefiederten Wedeln.
Pflege: Leicht feucht halten. Im Sommer gern im Freien halten. Kühl bei ca. 12 °C überwintern.

Art: Zwerg-Dattelpalme *(Ph. roebelenii)* – anspruchsvoller, ganzjährig bei Zimmertemperatur, luftfeucht.

Bogenhanf
Sansevieria trifasciata

   10-80 -   -

Skulpturale Pflanze mit sehr geringem Pflegebedarf.
Wuchs: 'Laurentii' bis max. 1,5 m und 'Hahnii' niedrige Rosetten bis 25 cm Höhe.
Blätter: Lanzettförmige Blätter. Grün oder mit gelbem Streifen an den Blatträndern.
Pflege: Wichtigste Regel: Mäßig gießen! Wasser darf Kalk enthalten. Blätter gelegentlich feucht abwischen.

Art/Sorte: *S. cylindrica* 'Sykline' – sieht sehr modern aus mit dolchartigen, oft fächerförmig angeordneten Blättern.

Yucca, Palmlilie
Yucca elephantipes

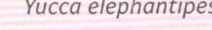
  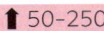 50-250 -   -

Groß wachsende Kübelpflanze.
Wuchs: Palmenartig (ist keine echte Palme!). Holzige, dicke Stämme mit üppigen Blattschöpfen.
Blätter: Dunkelgrüne, lanzettförmige Blätter.
Pflege: Ideal sind ein sonniger Standort im Sommer im Freien und kühle Überwinterung. Bei hellem Standort ist auch eine Überwinterung im Zimmer möglich.
Hinweis: Bei zu groß gewordenen Yuccas den Stamm abschneiden; treibt in der Regel neu aus.

Art: *Y. rostrata* – sehr elegant, robust, schmale Blätter.

Stattliche Zimmerbäume

Zimmerbäume erinnern vom Wuchs her an »echte« Bäume und bilden (zumindest im Alter) einen Stamm aus. Das bedeutet aber nicht, dass nur Bewohner von Lofts oder weitläufigen Wohnungen sich Zimmerbäume in die Wohnung holen können. Die meisten kann man viele Jahre in der Wohnung behalten bzw. bei Bedarf auch zurückschneiden, ehe sie für einen normalen Raum zu groß werden. Außerdem gibt es auch kleinere Arten wie die Pachira, die hierzulande kaum mehr als 1,5 m Höhe erreichen.

Gerade moderne Wohnungen und Häuser mit bodentiefen Fenstern und offenen Strukturen verlangen nach großen Pflanzen, um eindrucksvolle Akzente zu setzen. Bei diesem Stil wirken wenige, aber große Pflanzen besser als viele kleinere.

Aber auch Wohnungen mit »normalen« Fenstern eignen sich gut für Zimmerbäume. Hier ist oft das Problem, dass der untere Pflanzenbereich nicht genug Licht abbekommt und mit der Zeit kahl wird. Zimmerbäume, deren Blattwerk praktisch erst ab einem Meter anfängt (»Hochstämme«) schaffen hier Abhilfe.

Nicht zu unterschätzen ist auch, dass Zimmerbäume durch ihre Ausmaße und die damit verbundene große Blattfläche, einen wirkungsvollen Beitrag zur Verbesserung des Raumklimas leisten können. So lässt sich Schönes mit Nützlichem verbinden.

Mit Zimmerbäumen lassen sich schnell imposante Highlights setzen, wie hier mit dieser stattlichen Pachira.

1 Schönmalve
Abutilon × hybridum

○ | 🖐 | ↕ 50–250 | ✿ 3–11 | –

Attraktiver Zimmerbaum, der für ein romantisches Ambiente sorgt.
Wuchs: Strauchig und aufrecht. Auch als Hochstamm erhältlich. Große ahornähnliche, grüne, gezackte, samtige Blätter. Auch Sorten mit gefleckem Laub. Topfpflanzen sind oft mit Hemmstoffen behandelt; sie verlieren später ihren kompakten Wuchs.
Blüte: Zarte glockenförmige Blüten in Weiß, Rosa, Gelb, Orange, Rot, Violett; auch gefüllt.
Pflege: Im Sommer luftig ohne pralle Sonne, gern im Freien. Im Winter deutlich kühler bis max. 15 °C und trockener halten. Bei kühler Überwinterung verlieren die Pflanzen meist ihr Laub, treiben im Frühjahr wieder neu aus. Zur besseren Verzweigung oder als Formschnitt im zeitigen Frühjahr stutzen.

Art/Sorte: *A. pictum* 'Thompsonii' – mit gelb gefleckten Blättern.

2 Elefantenfuß
Beaucarnea recurvata

☼-○ | 🖐 | ↕ 25–150 | ✿ – | –

Zimmerbaum mit »Wüsten-Flair«. Vor allem verzweigte Exemplare sind besonders imposant.
Wuchs: Skulptural wirkende Pflanze mit knollenförmig verdicktem Fuß und holzigem Stamm. Wächst langsam!
Blätter: Elegant gebogene Blätter, wirken locker und luftig.
Pflege: Anspruchslos. Im Sommer gern windgeschützt im Freien. Bei sehr hellem Standort auch im Winter bei Zimmertemperatur halten, sonst kühler. Der Temperatur angepasst gießen, d. h. im Winter bei kühlem Standort weniger gießen. Mäßiger Nährstoffbedarf. Rückschnitt ist möglich.

THEMENGRUPPEN

Drachenbaum
Dracaena-Arten

○-◐   ☞   ↑ 40-200   ✿ -   -

Palmenähnliche, pflegeleichte Pflanzen für ganzjährigen Platz im Zimmer.
Wuchs: Stämme mit üppigen Blattschöpfen, meist verholzt.
Blätter: Schmale oder breite lanzettliche Blätter je nach Art. Auch buntblättrige Arten und Sorten.
Pflege: Heller Standort, ohne pralle Sonne. Ganzjährig bei Zimmertemperatur. Keine Zugluft. Bunte Arten benötigen eine höhere Luftfeuchte und mehr Licht als grüne. Zu groß gewordene Pflanzen lassen sich im Frühjahr durch Kappen des Stammes auf die gewünschte Höhe bringen.

Arten: *D. marginata* – schmale Blätter und dünner Stamm im Gegensatz zu *D. fragrans* – breite Blätter und kräftiger Stamm.

Chinesischer Roseneibisch
Hibiscus rosa-sinensis

☼   ☞   ↑ 40-250   ✿ 1-12   -

Dekorativer, blühender Zimmerbaum für sonnige Standorte.
Wuchs: Buschiger, immergrüner Strauch. Auch als Hochstamm erhältlich.
Blüte: Trichterartige Blüten in Weiß, Gelb, Orange, Rot, Rosa; einfach und gefüllt. Ganzjährige Blüte ist bei sonnigem Standort (auch im Winter) möglich.
Pflege: Ist empfindlich gegen Temperaturschwankungen und Standortwechsel. Hoher Nährstoff- und Wasserbedarf im Sommer. Hibiskus braucht keine Ruhezeit: Im Sommer am besten geschützt im Freien und im Winter so hell wie möglich stellen (Wintergarten). Hoher Wasser- und Nährstoffbedarf. Rückschnitt im Frühjahr alle zwei Jahre sorgt für einen kompakten Wuchs.
Hinweis: Jungpflanzen für kompakten Wuchs oft mit Hemmstoffen behandelt.

Pachira, Glückskastanie
Pachira aquatica

○ | ☞ | ↕ 50–150 | ✿ – | –

Kleinerer Zimmerbaum, im Handel meist mit geflochtenem Stamm.
Wuchs: Zimmerbäumchen. Verdickter Stamm, der Wasser speichert. Ein geflochtener Stamm kann mit zunehmendem Dickenwachstum Probleme bereiten.
Blätter: Ähnlich wie Kastanienblätter, handförmig geteilt, dunkelgrün.
Pflege: Standort sehr hell, aber ohne pralle Sonne. Höhere Luftfeuchtigkeit erwünscht. Im Sommer vor Wind und Regen geschützt im Freien. Mäßiger Wasser- und Nährstoffbedarf. Rückschnitt im Frühjahr – bei zu groß gewordenen Pflanzen – ist möglich.
Hinweis: Vermehrung mit Aussaat oder Kopfstecklingen. Den Stamm besser nicht flechten.

Zimmerlinde
Sparrmannia africana

☼-○ | ☞ | ↕ 50–300 | ✿ 1–3 | –

Nostalgischer Zimmerbaum mit üppigem, ausladendem Wuchs. Am besten in Einzelstellung.
Wuchs: Wächst aufrecht als Strauch bzw. als kleiner Baum. Schöne weiße Blüten im Winter und kleine, erbsengroße Früchte mit weichen »Stacheln«. Raschwüchsig.
Blätter: Weiche, behaarte, hellgrüne, große Blätter ähnlich der Linde.
Pflege: Standort sehr hell, ohne pralle Sonne. Geschützt im Sommer im Freien. Höhere Luftfeuchtigkeit erwünscht. Im Winter kühler stellen. Bei sehr hellem Stand auch moderate Zimmertemperaturen im Winter möglich. Hoher Wasser- und Nährstoffbedarf, im Winter der Temperatur angepasst. Verträgt auch kräftigen Rückschnitt, am besten im Frühjahr. Rückschnitt und Entspitzen der Triebe fördern die Verzweigung und einen kompakten Wuchs.

BLÜTENFARBEN

Die Farben des Himmels

Werden die Menschen nach ihren Lieblingsfarben befragt, so steht Blau meist ganz oben auf der Hitliste. Mit Blau assoziiert man Meer und Himmel, das Gefühl von Weite, Ferne, aber auch Sehnsucht. Nicht umsonst bezeichnet man mit einer »Fahrt ins Blaue« einen Ausflug in die Natur und verbindet damit Freiheit und Freizeit.

Eine schöne Möglichkeit sich mit dieser Farbe auch im Alltag zu umgeben sind Blütenpflanzen. Die Farben der hier vorgestellten Blütenpflanzen reichen von hellen bis zu kräftigen Blau- bzw. Violetttönen, manchmal auch mehrfarbige Blüten. Neben wohlbekannten Pflanzen wie dem Blauen Lieschen findet auch der seltener angebotene Losstrauch Eingang mit seinen wunderschönen, schmetterlingsähnlichen blauen Blüten. Die hohe Zeit der Blüten ist natürlich der Sommer, aber auch im Frühling und Herbst finden sich eifrige blaue Blüher und im Winter erfreut auf jeden Fall das Usambaraveilchen sicher mit seinem Blütenflor. Die meisten der hier vorgestellten Pflanzen sind für ihre blauen Blüten bekannt, viele davon sind aber in fast allen Farben erhältlich.

Blaue Blüten, z. B. von Schiefteller und Blaues Lieschen, kombiniert mit blauen und weißen Accessoires, schaffen ein erholsames, maritimes Ambiente.

BLAU UND VIOLETT _ 32|33

1 Schiefteller
Achimenes-Hybriden

◐-◑ | ☞ | ↑ 20–30 | ✿ 5–9 | –

Üppiger Sommerblüher, der an Phlox erinnert.
Wuchs: Krautig. Zieht im Herbst ein und verliert nach und nach das Laub. Die Rhizome trocken und warm überwintern, im Februar umtopfen und wieder gießen.
Blüte: Große Blüten in verschiedenen Blau- und Rottönen, aber auch in Weiß.
Pflege: Heller Standort, keine pralle Sonne. Wärmebedürftig: Im Sommer bei 20–25 °C, während der winterlichen Ruhezeit bei 15–18 °C.

2 Browallie
Browallia speciosa

◐-◑ | ☞ | ↑ 10–30 | ✿ 1–12 | !

Pflegeleichte Pflanze in romantischem Blau.
Wuchs: Strauchig. Dunkelgrüne Blätter.
Blüte: Große Blüten in verschiedenen Blau- und Violetttönen; seltener in Weiß.
Pflege: Standort hell, ohne direkte Sonne. Möglichst kühl (bis 18 °C), dann halten die Blüten länger. Mäßig gießen. Verblühtes entfernen.
Hinweis: Enthält giftige Substanzen. Wird ganzjährig angeboten. Meist einjährig gezogen. Anzucht aus Samen oder Stecklingen möglich und damit Blüte zu jeder Jahreszeit.

3 Brunfelsie
Brunfelsia pauciflora var. *calycina*

○ | ☞ | ↑ 15–35 | ✿ 2–11 | !

Für kühle Standorte an Nord- oder Ostfenstern.
Wuchs: Strauchig, etwas sparrig.
Blüte: Duftende Blüten in schönen Blau- und Violetttönen; auch in Weiß.
Pflege: Hell stellen, ohne pralle Sonne. Im Sommer bei max. 20 °C (sonst Blütenfall). Luftfeucht. Kalkarm und mäßig gießen. Im Winter 6-wöchige Ruhephase bei 10–15 °C zur Blütenbildung. Rückschnitt nach der Blüte gegen sparrigen Wuchs.
Hinweis: Enthält giftige Substanzen.

BLÜTENFARBEN

Glockenblume
Campanula isophylla

○ | ☞ | ↑ 10-20 | ✿ 6-9 | -

Romantischer und üppiger Blütenflor für Zimmer und Balkon.
Wuchs: Leicht überhängender Wuchs, deshalb schön in Ampeln und Schalen.
Blüte: Große, sternförmige Blüten in Blau oder in Weiß.
Pflege: Heller Standort, ohne pralle Sonne. Im Sommer im Freien. Im Winter kühl, bei max. 15 °C. Verträgt kalkhaltiges Gießwasser. Verblühte Triebe regelmäßig abschneiden.

Losstrauch
Clerodendrum ugandense

☀-◐ | ☞ | ↑ 30-60 | ✿ 5-10 | -

Pflegeleichter Dauerblüher von Frühling bis zum Herbst mit wunderschönen Blüten.
Wuchs: Strauchig. Dunkelgrüne Blätter.
Blüte: Blüten sehen aus wie kleine, blaue Schmetterlinge mit langen, gebogenen Staubfäden als »Schmetterlingsfühler«.
Pflege: Warm und luftfeucht stellen. Die Erde gleichmäßig feucht halten. Triebe regelmäßig entspitzen und Rückschnitt im Frühjahr. Winterliche Ruhezeit bei 10-15 °C.

Blaues Lieschen
Exacum affine

○-◐ | ☞ | ↑ 10-20 | ✿ 6-9 | D

Reizende, kleine Topfpflanze mit üppigem, romantischem Blütenflor.
Wuchs: Niedrige Polster mit zierlichen Blättern.
Blüte: Grazile, duftende Blüten, meist in Blau oder in Weiß; auch gefüllte Sorten.
Pflege: Heller Standort, ohne pralle Sonne. Mäßig, aber gleichmäßig feucht halten. Verblühtes regelmäßig auszupfen, das fördert die Blütenbildung.
Hinweis: Die Pflanze ist zweijährig und stirbt nach der Blüte im Herbst ab.

BLAU UND VIOLETT _ 34 | 35

4 Edel-Pelargonie
Pelargonium grandiflorum

☀-○ | ☞ | ↕ 20-50 | ✿ 4-7 | -

Die großblütige Schwester der bekannten Balkongeranien ist ideal für die Zimmerkultur.
Wuchs: Strauchig.
Blüte: Große Blüten in dichten Dolden in schönen Violett-Tönen; auch in Weiß, Rosa und Rot.
Pflege: Luftig stellen, aber ohne Zugluft. Mäßig, aber regelmäßig gießen. Kühle Überwinterung bei 10-15 °C zur Blütenanlage.
Hinweis: Im Gegensatz zu den Balkongeranien bevorzugen die Edelpelargonien einen sommerlichen Standort im Zimmer.

5 Usambaraveilchen
Saintpaulia ionantha

○-◐ | ☞ | ↕ 5-20 | ✿ 1-12 | -

Der Klassiker unter den blau blühenden Zimmerpflanzen!
Wuchs: Rosettenförmige Pflanze. Auch als Miniformen. Ovale, behaarte, dunkelgrüne Blätter.
Blüte: Neben Blau und Violett auch in Weiß, Rosa und Rot; auch mehrfarbig, gekräuselt oder gefüllt. (Fast) ganzjährig Blüten.
Pflege: Hell bis halbschattig stellen, ohne direkte Sonne. Mäßig feucht. Kein Wasser auf die Blätter oder ins Herz gießen! Mäßiger Nährstoffbedarf.

6 Drehfrucht
Streptocarpus-Hybriden

○-◐ | ☞ | ↕ 20-40 | ✿ 5-9 | -

Blüten, die entfernt an Orchideen erinnern, in zauberhaften Blautönen.
Wuchs: Niedrige Blatt-Rosetten. Pflanzen benötigen wenig Platz.
Blüte: Romantischer, üppiger Blütenflor in Hellblau, Flieder, Blau, Violett; auch in Rosa und Rottönen und mehrfarbige Sorten.
Pflege: Im Sommer bei Zimmertemperatur, während der Ruhezeit im Winter etwas kühler stellen. Möglichst konstante Bedingungen schaffen.

BLÜTENFARBEN

Die Farben der Sonne

Gelb und Orange sind Farben mit starker Signalwirkung. Deshalb lassen sie sich auch wunderbar einsetzen, um besonders kräftige Farbakzente in die Begrünung zu bringen. Und gerade im Winter, wenn wir mit Licht und Blüten ohnehin nicht verwöhnt werden, sorgen orange oder gelb blühende Pflanzen, wie das Flammende Käthchen, für eine heitere Atmosphäre. Wer die Wirkung noch weiter steigern möchte, kombiniert diese mit ihren Komplementärfarben Blau bzw. Violett.

Orange und Gelb gehören zu den warmen Farben. Neben der rein optischen Wirkung stehen Gelb und Orange auch für Fröhlichkeit, Lebensfreude und Geselligkeit. Wie mit keiner anderen Farbe verbindet man Wärme und Sonne, was sie bei vielen Menschen auch so beliebt macht. Was liegt deshalb näher, als sich diese Freizeitstimmung mit Blütenpflanzen ins Haus zu holen? Vielleicht gerade an Stellen in der Wohnung, die besonders zum Auftanken und Entspannen genutzt werden.

Freundliche Atmosphäre auch an tristen Tagen: Mit gelben Blüten (Goldähre, Chrysantheme), Blättern (Kroton) und Früchten (Zierpaprika) kommt Sonne ins Haus.

Schönmalve
Abutilon hybridum

○ | 🥄 | ↑ 50–250 | ❀ 3–11 | –

Immergrüner, grazil wirkender Strauch mit zarten Blüten von Frühling bis Herbst.
Wuchs: Strauchig; auch als Hochstamm erhältlich. Ahornähnliche, samtige Blätter.
Blüte: Zarte Blüten in Gelb und Orange; auch in Weiß, Rosa, Rot, Violett und gefüllt blühend.
Pflege: Im Sommer luftig und sehr hell stellen, ohne pralle Sonne. Im Winter deutlich kühler bis max. 15 °C und trockener halten.

Goldtrompete
Allamanda cathartica

☼–○ | 🥄 | ↑ 40–300 | ❀ 5–11 | !

Üppiger Kletterer mit imposanten gelben Blüten für helle und warme Standorte.
Wuchs: Starkwüchsige Kletterpflanze.
Blüte: Große, trompetenförmige Blüten bis 10 cm Durchmesser in Gelb bzw. Gelborange.
Pflege: Liebt sehr helle, warme und luftfeuchte Standorte. Auch im Winter sehr heller Standort und etwas kühler bei 16–18 °C. Ideal für beheizte Wintergärten.
Hinweis: Enthält giftige Substanzen.

Blütenbegonie
Begonia-Elatior-Hybriden

○–◐ | 🥄 | ↑ 20–50 | ❀ 1–12 | –

Unübertroffene Blütenfülle in vielen Orange- und Gelbtönen.
Wuchs: Buschig verzweigt.
Blüte: Monatelange Blütenpracht. Außer in Gelb und Orange auch in Weiß, Rot, Rosa und Violett.
Pflege: Sehr pflegeleicht. Am besten halbschattig stellen. Gleichmäßig, aber mäßig wässern. Verblühtes regelmäßig abzupfen.
Hinweis: Weiterkultur nach der mehrmonatigen Blüte lohnt nicht; am besten durch neue Pflanzen ersetzen. Wird ganzjährig angeboten.

BLÜTENFARBEN

Klivie
Clivia miniata

○ | ☞ | ↑ 40-80 | ✿ 2-5 | !

Klassische Zimmerpflanze, die mit zunehmendem Alter immer schöner wird.
Wuchs: Verdickter Schaft aus dem die riemenförmigen Blätter entspringen.
Blüte: Dolde mit trichterförmigen Einzelblüten. Meistens sind orange blühende Sorten im Handel. Es gibt aber auch eine gelbe Sorte.
Pflege: Hell, ohne pralle Sonne. Wichtig für die Blütenbildung ist die winterliche Ruhe von Oktober bis Januar bei ca. 12 °C und wenig Wasser bis der Blütenschaft ca. 15 cm hoch ist.

Crossandra
Crossandra infundibuliformis

○-◐ | ☞ | ↑ 20-30 | ✿ 5-9 | -

Elegante Pflanze mit glänzenden Laub und interessanten Blüten.
Wuchs: Niedriger Strauch. Dunkelgrüne, glänzende Blätter.
Blüte: Blüten orange, seltener gelb.
Pflege: Liebt Licht (ohne pralle Sonne), Wärme (im Winter) und Luftfeuchte. Um die Luftfeuchtigkeit zu erhöhen, kann man die Pflanze z. B. auf eine wassergefüllte Schale stellen.

Geißklee
Genista × spachiana

○ | ☞ | ↑ 30-100 | ✿ 3-4 | D

Duftender Frühlingsblüher für kühle Räume.
Wuchs: Strauch. Schöner, lockerer und buschiger Wuchs. Dreiteilige Blätter.
Blüte: Duftende gelbe Schmetterlingsblüten.
Pflege: Benötigt viel frische Luft und Licht. Während der Blüte bis 18 °C. Im Winter bis 10 °C. Kühle Überwinterung ist für die Blüte nötig! Liebt kalkhaltiges Wasser! Umtopfen nach der Blüte.
Hinweis: Auch unter dem Namen *Cytisus × racemosus* im Handel.

Chinesischer Roseneibisch
Hibiscus rosa-sinensis

☼ | ☞ | ↕ 40–250 | ✿ 1–12 | –

Üppige Blütenpracht in Gelb und Orange für sonnige Standorte.
Wuchs: Buschiger, immergrüner Strauch.
Blüte: Trichterartige Blüten in Gelb und Orange; auch in Weiß, Rot oder Rosa; einfach und gefüllt. Ganzjährige Blüte ist bei sonnigem Standort (auch im Winter) möglich.
Pflege: Ist empfindlich gegen Temperaturschwankungen und Standortwechsel. Hoher Nährstoff- und Wasserbedarf im Sommer. Rückschnitt im Frühjahr für kompakten Wuchs.

Flammendes Käthchen
Kalanchoe blossfeldiana

○ | ☞ | ↕ 15–30 | ✿ 1–3 | –

Beliebte Zimmerpflanze für üppigen Blütenflor im Winter bzw. im zeitigen Frühjahr.
Wuchs: Krautig. Fleischige, glänzende Blätter.
Blüte: Kleine Blüten in dichten Dolden. Werden vor allem in Orange, Gelb und Rot angeboten.
Pflege: Pflegeleicht. Nimmt außer Staunässe so leicht nichts übel. Keine pralle Sonne. Im Winter etwas kühler halten bei 15 °C.
Hinweis: Kurztagspflanze, d. h. zur Blütenbildung benötigt sie vier Wochen 14 Stunden Dunkelheit.

Kussmäulchen
Nematanthus 'Glabra'

◐ | ☞ | ↕ 10–20 | ✿ 6–9 | –

Elegante Pflanze für Ampeln und Schalen.
Wuchs: Kriechend oder überhängend. Mit kleinen ledrigen, glänzenden Blättern.
Blüte: Kleine orangerote Blüten, die an einen »Kussmund« erinnern sollen.
Pflege: Pflegeleicht. Heller Standort, ohne pralle Sonne. Im Winter bei ca. 15 °C und trockener halten; das fördert einen reichen Blütenansatz. Rückschnitt im Frühjahr nach der Winterruhe führt zur besseren Verzweigung.

BLÜTENFARBEN

Die Farben mit Gefühl

Rosa und Rot sind wohl die Farben mit dem größten emotionalen Faktor: Während Rot die Liebe in all ihren Facetten symbolisiert, steht Rosa für Romantik, Zartheit und Gefühl.

Mit Rot verbindet man Liebe und Leidenschaft und gerade mit roten Blüten lässt sich diese Botschaft intensiv und doch diskret in jedes Ambiente und jeden Wohnstil einbinden: entweder mit der überschäumenden Blütenpracht eines Weihnachtskaktus oder den edlen Blüten der Kamelie.

Rosa ist längst »gesellschaftsfähig« und nicht mehr nur eine »Klein-Mädchen-Farbe«. Die Variationsbreite bei den Blüten ist sehr groß und reicht von pudrigen Rosa- bis zu kräftigen Pink-Tönen. Dementsprechend lassen sich auch, v. a. noch kombiniert mit entsprechenden Pflanzgefäßen, eine Fülle von gefühlvollen Stimmungen zaubern, von zartromantisch bis knallig-poppig.

Für einen verschwenderischen Blütentraum in Rosa oder Rot umgibt man sich am besten mit den pflegeleichten Elatior-Begonien, die ganzjährig angeboten werden und monatelang üppig blühen.

Vom zarten, romantischen Rosa des Usambaraveilchens bis zum modernen Pink der Elatior-Begonie: Rosatöne passen zu jedem Wohnstil!

1 Blütenbegonie
Begonia-Elatior-Hybriden

◐-◑ | ☞ | ↑ 20-50 | ✿ 1-12 | -

Romantische Blütenpracht in Rosa oder Rot.
Wuchs: Buschig verzweigt.
Blüte: Monatelange Blütenpracht. Außer in Rosa und Rot auch in Weiß, Gelb, Orange und Violett.
Pflege: Sehr pflegeleicht. Am besten halbschattig stellen. Gleichmäßig, aber mäßig wässern. Verblühtes regelmäßig abzupfen.
Hinweis: Weiterkultur nach der mehrmonatigen Blüte lohnt nicht. Wird ganzjährig angeboten.

2 Kamelie
Camellia japonica

○ | ☞ | ↑ 50-150 | ✿ 1-4 | -

Edle, rosenähnliche Blüten für kühle Standorte.
Wuchs: Strauch. Ledrige, glänzende, dunkelgrüne Blätter. Auch ohne Blüten attraktiv.
Blüte: Elegante Blüten in Rosa, Rot oder Weiß; auch mehrfarbig, einfach oder gefüllt.
Pflege: Anspruchsvoll. Im Sommer im Freien. Im Winter bis 10 °C, zur Blüte bis 15 °C (bessere Haltbarkeit der Blüten!). Möglichst gleichmäßige Bedingungen. Mit kalkarmem Wasser gießen. Azaleen-Erde verwenden und mäßig mit Azaleendünger versorgen.
Art: Aus *Camelia sinensis* wird Tee gewonnen. Für Liebhaber.

3 Madagaskar-Immergrün
Catharanthus roseus

◐-◑ | ☞ | ↑ 20-40 | ✿ 1-12 | !

Ausgefallene, rosa blühende Zimmerpflanze.
Wuchs: Buschig. Ähnelt in Blatt und Blüte unserem heimischen Immergrün.
Blüte: Romantischer, üppiger Blütenflor in Rosa- und Rottönen; auch in Weiß, Orange, Violett.
Pflege: Den Sommer über gern am Balkon. Liebt luftfeuchte und nicht zu warme Standorte, im Winter bei max. 18 °C halten.
Hinweis: Wird meist nur einjährig gezogen. Enthält giftige Substanzen.

BLÜTENFARBEN

Alpenveilchen
Cyclamen persicum

◐-◑ | ☞ | ↑ 15-30 | ✿ 9-4 | !

Winter- und Frühjahrsblüher für kühle Räume.
Wuchs: Krautige Pflanzen mit herzförmigen Blättern, die aus einer Knolle entspringen.
Blüte: Zarte und kräftige Farben in Rosa, Rot und Violetttöne; auch in Weiß. Auch mit gefransten oder gewellten Blütenrändern.
Pflege: Wichtig: Heller Standort (nicht sonnig), luftig und kühl (im Winter 10–15 °C). Im Sommer im Freien. Nach der Blüte folgt eine Ruhezeit; einziehen lassen, bei Neuaustrieb umtopfen.

Osterkaktus
Hatiora (Rhipsalidopsis) gaertneri

◐-◑ | ☞ | ↑ 20-40 | ✿ 3-6 | –

Einer der schönsten Frühjahrsblüher mit überreichem Blütenflor.
Wuchs: Ausladender Wuchs mit leicht überhängenden Trieben. Deshalb besonders schön in Ampeln und Schalen.
Blüte: An jedem Triebende sitzen mehrere Blüten. In Rosa-, Rot- und Violetttönen.
Pflege: Am besten heller Standort, ohne direkte Sonne. Für die Blüte nötig: 6–8 Wochen Winterruhe bei 10–15 °C mit wenig Wasser.

Edel-Pelargonie
Pelargonium grandiflorum

☀-◐ | ☞ | ↑ 20-50 | ✿ 4-7 | –

Großblütige Pelargonien für drinnen.
Wuchs: Strauchig.
Blüte: Große Blüten in dichten Dolden in Rosa- und Rottönen; auch in Weiß, Violett und zweifarbig erhältlich.
Pflege: Luftig stellen, aber ohne Zugluft. Mäßig, aber regelmäßig gießen. Kühle Überwinterung bei 10–15 °C zur Blütenanlage.
Hinweis: Im Gegensatz zu den Balkongeranien bevorzugen die Edelpelargonien einen sommerlichen Standort im Zimmer.

ROSA UND ROT _ 42|43

4 Pentas
Pentas lanceolata

◐-◑ ✍ ↑ 20-50 ❀ 9-1 –

Dankbarer Winterblüher für die Fensterbank.
Wuchs: Kleiner Strauch.
Blüte: Blütendolden in den Farben Rosa und Rot; auch in Weiß und Violett.
Pflege: Heller Standort, ohne direkte Sonne. Warm und luftfeucht. Mäßig feucht halten. Mit weichem Wasser gießen. Nach der Hauptblüte im Winter folgt eine Ruhezeit mit weniger Wassergaben. Für kompakten Wuchs sorgt ein Rückschnitt nach der Hauptblüte im Frühjahr.
Hinweis: Ganzjährig blühend erhältlich.

5 Zimmerazalee
Rhododendron simsii

◐-◑ ✍ ↑ 25-60 ❀ 10-5 –

Berauschende, üppige Blütenfülle im Winter und im Frühjahr für kühle Räume.
Wuchs: Strauchiger Wuchs.
Blüte: In Rosa und Rot, einfach oder gefüllt; auch in Weiß, Gelb, Orange, Violett und mehrfarbig. Blütezeit ist abhängig von der Sorte.
Pflege: Am besten hell stellen, ohne pralle Sonne. Luft: frisch, feucht und kühl. Im Winter bei max. 15 °C, im Sommer im Freien. Kalkfrei gießen. Azaleenerde, -dünger verwenden.

6 Weihnachtskaktus
Schlumbergera-Hybriden

◐-◑ ✍ ↑ 20-40 ❀ 11-1 –

Üppiger Winterblüher mit grazilen Blüten.
Wuchs: Ausladend, leicht überhängend. Deshalb schön für Schalen, Ampeln und Amphoren.
Blüte: Reiche Blütenpracht in Rosé- und Rottönen; auch in Weiß, Gelb, Orange und zweifarbig.
Pflege: Heller Standort, ohne pralle Sonne. Ganzjährig bei Zimmertemperaturen. Mäßig gießen. Wichtig für den Blütenansatz: Nahezu trocken halten von September bis Oktober und etwas kühler stellen.

BLÜTENFARBEN

Eleganz in Weiß

Weiß ist die ideale Farbe für modernes oder minimalistisch-zurückhaltendes Ambiente. Vor allem die Kombination mit kräftig grünen oder glänzenden Blättern ergibt ein edles Duo, das in seiner Wirkung kaum zu überbieten ist. Besonders edel sind die Blüten der Kalla, die deshalb auch als Schnittblume beliebt ist.
Weiße Blüten stehen am besten für sich alleine oder man kombiniert sie »nur« mit Blattpflanzen. Bei Blattpflanzen darf aber durchaus Variabilität gezeigt werden: Probieren sie neben kräftigem Grün auch einmal Blattpflanzen mit weiß-panaschiertem Laub bzw. grau behaarten oder silbrig gestreiften Blättern (z. B. Fittonie) aus. Oder kombinieren Sie mehrere weiß blühende Pflanzen mit anderen Blühern in zarten Farben (z. B. Rosa oder andere Pastelltöne).
Unter den weiß blühenden Zimmerpflanzen finden sich besonders viele Duftpflanzen, z. B. Gardenien und Jasmin mit sehr intensiven Aromen.

Weiß ist ein Klassiker und lässt sich besonders schön mit Pastelltönen kombinieren. Kranzschlinge, Miltonie und Gardenie blühen hier um die Wette.

1 Alpenveilchen
Cyclamen persicum

◐-● | ☞ | ↑ 15-30 | ✿ 9-4 | !

Winterblüher mit schneeweißen, zarten Blüten.
Wuchs: Krautige Pflanzen mit herzförmigen Blättern, die aus einer Knolle entspringen.
Blüte: Neben Weiß auch zarte und kräftige Farben wie Rosa, Rot und Violetttöne. Auch mit gefransten oder gewellten Blütenrändern.
Pflege: Wichtig: Heller Standort (nicht sonnig), luftig und kühl (Winter 10–15 °C). Im Sommer im Freien. Nach der Blüte folgt eine Ruhezeit; einziehen lassen und dann bei Neuaustrieb umtopfen.
Hinweis: Enthält giftige Substanzen.

2 Herzkelch
Eucharis × grandiflora

◐-● | ☞ | ↑ 40-60 | ✿ 6-9 | –

Eine Pflanzenschönheit mit weißen, narzissenähnlichen Blüten.
Wuchs: Zwiebelpflanze. Gestielte, breite Blätter.
Blüte: Auf jedem Schaft sitzt eine Dolde mit großen, weißer, narzissenähnlichen Blüten.
Pflege: Am besten hell stellen, ohne pralle Sonne. Feuchtere Luft. Gleichmäßig, aber mäßig feucht halten (Zwiebelpflanze!). Nach der Blüte etwas kühler und trockener halten für ca. vier Wochen.
Hinweis: Wird selten angeboten.

3 Gardenie
Gardenia jasminoides

○ | ☞ | ↑ 40-100 | ✿ 1-12 | D

Elegante Blütenpflanze mit hohen Ansprüchen.
Wuchs: Kleiner Strauch mit schönen, glänzenden, dunkelgrünen Blättern.
Blüte: Intensiv nach Jasmin duftende, weiße Blüten; ähnlich einer Rosenblüte. Bei optimaler Pflege ganzjährige Blüte möglich.
Pflege: Anspruchsvoll. Sehr heller Standort (ohne pralle Sonne), »warme Füße« und luftfeucht. Mit kalkfreiem Wasser gießen. Azaleenerde verwenden. Gleichmäßige Bedingungen.

BLÜTENFARBEN

Wachsblume
Hoya carnosa

○ | ☛ | ↕ 30-100 | ✿ 5-10 | D

Robuste, duftende Kletterpflanze mit porzellanartigen Blüten.
Wuchs: Bildet lange Triebe aus, die eine Rankhilfe benötigen. Dicke, fleischige Blätter.
Blüte: Weiße, sternenförmige, wächserne Blüten in Dolden.
Pflege: Während der Wachstumszeit mäßig, aber gleichmäßig gießen. Im Winter etwas kühler (12-15 °C) und trockener halten (ist wichtig für die Blütenbildung!) Blütentriebe nicht entfernen!

Jasmin
Jasminum polyanthum

☀-○ | ☛ | ↕ 25-100 | ✿ 3-5 | D

Üppiger, weißer, duftender Blütenflor im Frühjahr.
Wuchs: Starkwüchsiger Kletterer. Auch ohne Blüten eine sehr attraktive Pflanze.
Blüte: Viele weiße, intensiv nach Jasmin duftende Blüten; sternförmig mit Röhre.
Pflege: Während der Wachstumszeit hoher Wasser- und Nährstoffbedarf. Benötigt im Winter zur Blütenbildung eine Ruheperiode bei max. 10 °C.

Arten: Jasminum officinale - sehr ähnlich. Jasminum sambac - kann wärmer überwintert werden.

Königin der Nacht
Selenicereus grandiflorus

○ | ☛ | ↕ 50-250 | ✿ 6-9 | D

Große, spektakuläre, weiße Kakteenblüten.
Wuchs: Die langen Triebe dieser Kakteenart brauchen ein stabiles Klettergerüst.
Blüte: Große duftende, weiße Blüten, die sich nachts nur für wenige Stunden öffnen.
Pflege: Soll sehr hell stehen, ohne pralle Sonne. Viel Wärme im Sommer, auch gern im Freien. Nach der Blüte im Winter eine Ruhezeit einhalten bei 12-15 °C, mäßig gießen. Wachstumsbeginn wieder im Frühjahr.

Einblatt
Spathiphyllum wallisii

  ↑ 20-40 3-9 !

Zeigt fast das ganze Jahr seine Blüten.
Wuchs: Buschig. Lanzettliche Blätter.
Blüte: Blütenstände mit gelbem Blütenkolben und weißem Hochblatt (Spatha), das im Laufe der Zeit vergrünt.
Pflege: Pflegeleicht. Besser ein heller Standort, ohne direkte Sonne. Ganzjährig bei Zimmertemperatur. Luftfeucht. Mäßig, aber gleichmäßig feucht halten.
Sorte: *Sp.* 'Sensation' – mit sehr großen Blättern und Blüten.

Kranzschlinge
Stephanotis floribunda

 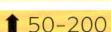 ↑ 50-200 5-9 D

Raschwüchsige Schlingpflanze mit ledrigen, glänzenden Blättern und duftenden Blüten.
Wuchs: Kletterpflanze; wird meist an Drahtbügel gezogen. Kann meterlange Triebe ausbilden.
Blüte: Weiße, wohlriechende sternförmige Blüten mit langer Röhre.
Pflege: Viel frische Luft. In der Wachstumsperiode reichlich wässern. Eine kühle Überwinterung bei 12-15 °C ist zur Blütenbildung notwendig. Triebe immer wieder aufbinden.

Zimmerkalla
Zantedeschia aethiopica

  ↑ 30-50 1-5   !

Imposante Pflanze mit weißen, eleganten Blütenständen. Am besten in Einzelstellung.
Wuchs: Buschig. Sumpfpflanze mit dickem Rhizom und großen, pfeilförmigen Blättern.
Blüte: Eindrucksvolle, elegante Blütenstände in reinem Weiß. Auch als Schnittblumen.
Pflege: Anspruchsvoll. Im Sommer im Freien. Im Winter hell bei ca. 10 °C. Ab Januar zur Blütenbildung bei ca. 15 °C. Nach der Blüte acht Wochen Ruhezeit einhalten: warm, sonnig, fast trocken; danach wieder mehr gießen.

Die Farben der Natur

Eine Besonderheit sind Blütenstände in Grün- bzw. Brauntönen. Es lohnt sich durchaus, sich auch einmal auf die Suche nach diesen zurückhaltenden Farben zu machen. Grünblühende Gartengewächse wie Frauenmantel, Nieswurz und Muschelblume sind vielen Gartenliebhabern bekannt. Auch zeigt sich ein Trend zu grünen Schnittblumen wie Chrysanthemen oder Bartnelken für sehr dezente, schlichte Sträuße. Bei Zimmerpflanzen kommen Grün- und Brauntöne noch relativ selten vor. Die Bekannteste ist der Zimmerhopfen, der bei optimalen Bedingungen fast ganzjährig seine hopfenartigen Blütenstände zeigt. Und auch bei den vielgestaltigen Orchideen werden Sie fündig, beispielsweise beim Frauenschuh.
Aber es müssen nicht nur Blüten sein: Bei den sogenannten fleischfressenden Pflanzen, wie die Kannenpflanze, machen die zu Fangorganen umgebildeten Blätter in Grün-Braun-Tönen den besonderen Reiz aus.

Eine Orchidee mit zarten grün-gelben Blüten wirkt besonders schön, wenn Sie mit panaschierten oder hellen Blattgrüntönen kombiniert wird.

Zimmerhopfen
Justicia brandegeana

☼-○ | ☞ | ↑ 30-60 | ❋ 1-12 | -

Außergewöhnliche Pflanze, deren Blütenstände an Hopfendolden erinnern.
Wuchs: Buschig verzweigt.
Blüte: Hopfenartige Blütenstände mit Hochblättern in grün-braunen Tönen, die sich monatelang halten. Die Blüten an sich sind unscheinbar.
Pflege: Sehr hell stellen, ohne pralle Sonne. Im Winter trockener und etwas kühler bei 15 °C. Mäßiger Wasserbedarf. Entspitzen ist empfehlenswert.
Hinweis: Gekaufte Pflanzen sind oft mit Hemmstoffen behandelt.

Kannenpflanze
Nepenthes-Hybriden

○-◐ | ☞ | ↑ 50-100 | ❋ - | -

Interessante, fleischfressende Pflanze mit dekorativen Fangorganen. Für Liebhaber.
Wuchs: Buschig. Am besten in Ampeln halten, damit die Kannen schön hängen können.
Blätter: Die Kannen sind umgeformte Blätter. Insekten rutschen in die Kannen und werden »verdaut«. Sie sind sehr dekorativ und bleiben drei Monate an der Pflanze.
Pflege: Heller Standort, kalkfreies Wasser und hohe Luftfeuchtigkeit sind ein Muss!

Frauenschuh
Paphiopedilum-Hybriden

○-◐ | ☞ | ↑ 25-50 | ❋ 10-2 | -

Für die Zimmerkultur eignen sich am besten mehrblütige Arten für temperiert-warme Räume.
Wuchs: Aufrecht. Kleiner bleibende Orchidee.
Blüte: Blüte ähnlich einem Frauenschuh.
Pflege: Standort hell. Ganzjährig mäßig warm kultivieren. Luftig, ohne Zugluft. Luftfeucht. Mäßig feucht halten, nicht ganz austrocknen lassen. Nach Triebabschluss bis zur Blütenbildung ist nächtliche Temperaturabsenkung wichtig.

BLATTFARBEN

Manche Blätter mögen's bunt

Nicht nur mit Blüten kann man farbenfrohe und leuchtende Akzente setzen. Einige Blattpflanzen zeichnen sich durch besonders schön gemusterte Blätter aus. Dabei reicht die Palette von farbigen Blattadern (z. B. Fittonie oder Pfeilwurz) über bunte Flecken (z. B. Punktblume) bis zu vollständig bunten Blättern in leuchtenden, exotischen Farben (z. B. Paradiesnessel). Pflanzen mit bunten Blättern eignen sich nicht nur hervorragend für einen exotischen, farbenprächtigen Wohnstil, sondern setzen auch ganzjährig farbenfrohe Akzente in eine sonst rein grüne Bepflanzung. Neben anspruchsvolleren Pflanzen sind darunter auch sehr pflegeleichte wie Blattbegonien oder die Buntnessel. Die Buntnessel kann zudem noch Sammelleidenschaft wecken. Es gibt eine fast unerschöpfliche Fülle an Blattmusterungen und Farben. Auch die einfache Vermehrung (einfach Stecklinge im Wasserglas bewurzeln lassen) macht Spaß und bringt sehr schnell attraktive Pflanzen hervor. Besonders schön wirkt es, wenn Sie mehrere verschieden gemusterte Pflanzen derselben Art zusammen stellen. Experimentieren erlaubt!

Mehrere Rex-Begonien mit unterschiedlichen Blattmusterungen auf einem Tisch verfehlen nie ihre Wirkung.

1 Paradiesnessel
Acalypha amentacea subsp. *wilkesiana*

○ | 🖐 | ↑ 20–40 | ✿ - | !

Auffällige Blattpflanzen für ganzjährig warme und luftfeuchte Standorte.
Wuchs: Buschig; je nach Sorte.
Blätter: Sehr variabel in Formen und Farben. Meist in Bronze- und Rottönen, aber auch mit verschiedenen Gelb- und Grüntönen.
Pflege: Gleichmäßig feucht halten. Hohe Luftfeuchtigkeit erwünscht. Triebe zur besseren Verzweigung immer wieder einkürzen.
Hinweis: Enthält giftige Substanzen.

2 Blatt-Begonie
Begonia-Rex-Hybriden

○-◐ | 🖐 | ↑ 20–40 | ✿ - | !

Bewährte und bekannte Blattschmuckpflanzen, die nie aus der Mode kommen.
Wuchs: Buschig. Niedrig bleibende Pflanzen.
Blätter: Interessant gemusterte, unsymmetrische Blätter (auch »Schiefblatt« genannt).
Pflege: Ganzjährig bei Zimmertemperatur. Keine Zugluft. Gleichmäßig gießen, im Winter etwas trockener. Gelegentlich besprühen.
Hinweis: Enthalten z. T. giftige Substanzen.

Arten/Sorten: Tiger-Begonien *(Begonia boweri)*; *B. masoniana* 'Iron cross' (Eisernes Kreuz).

3 Korbmaranthe
Calathea-Arten

○-◐ | 🖐 | ↑ 30–60 | ✿ - | -

Anspruchsvoll, mit schön gezeichneten Blättern.
Wuchs: Buschiger Wuchs.
Blätter: Länglich ovale, lang gestielte, interessant gezeichnete Blätter; Blattunterseite oft rot.
Pflege: Am besten hell stellen, ohne direkte Sonne. Warmer (auch bodenwarmer), luftfeuchter Standort und gießen mit weichem Wasser sind Voraussetzung für eine erfolgreiche Pflege.

Arten: *C. zebrina* – hellgrüne Blattnerven. *C. crocata* – mit schönen orangefarbenen Blüten und dunkelgrünen Blättern.

BLATTFARBEN

Kroton
Codiaeum variegatum

 ↑ 30-200 ✿ - !

Farbenprächtiger Strauch in Herbstfarben.
Wuchs: Strauchig. In ostasiatischer Heimat bis drei Meter, bei uns kleiner.
Blätter: Bunte Blätter mit gelber, oranger und roter Musterung.
Pflege: Sehr heller Standort, ohne pralle Mittagssonne (Blattfärbung!). Warm, auch bodenwarm und luftfeucht. Keine Temperaturschwankungen. Keine Zugluft. Im Winter etwas trockener halten.
Hinweis: Enthält giftige Substanzen.

Buntnessel
Coleus (Plectranthus) scutellarioides

  ↑ 30-60 ✿ - !

Altbekannte Pflanze, die wegen ihrer Pflegeleichtigkeit und Farbenpracht geschätzt wird.
Wuchs: Buschig.
Blätter: Herrlich gemusterte Blätter in Orange-, Rot- und Brauntönen. Auch mit gewellten Blatträndern.
Pflege: Viel Licht fördert die Ausfärbung der Blätter. Im Sommer gern im Freien. Für schönen Wuchs die Blütenknospen regelmäßig auskneifen und jährlich neu aus Stecklingen ziehen.

Keulenlilie
Cordyline fruticosa

Farbenfrohe Blattschmuckpflanze.
Wuchs: Buschig bzw. als Stämmchen. Bei jungen Pflanzen scheint der Blattschopf noch direkt aus der Erde zu kommen.
Blätter: Schwert- bis riemenförmige Blätter. Hell- oder dunkelgrüne Färbungen, oft mit rotem Randstreifen.
Pflege: Helligkeit ist zur Ausfärbung der Blätter wichtig. Warm, auch bodenwarm und luftfeucht.
Hinweis: Wird oft mit *Dracaena* verwechselt.

Fittonie
Fittonia verschaffeltii

  ↑ 5–15 -

Hübsche kleine Pflanze. Am besten zu mehreren in Schalen oder als Bodendecker.
Wuchs: Niedrig bleibende Pflanze.
Blätter: Kleine Blätter mit roten oder silbrig-weißen Blattadern.
Pflege: Benötigt viel Licht, Wärme und hohe Luftfeuchtigkeit. Mäßige Wassergaben. Im Winter weniger gießen. Weiches Wasser verwenden.
Hinweis: Am besten jährlich neu aus Stecklingen heranziehen.

Punktblume
Hypoesthes phyllostachya

  ↑ 10–15 -

Zierliche, romantische Pflanze. Am besten zu mehreren in Schalen oder als Bodendecker.
Wuchs: Niedrig bleibende Pflanze.
Blätter: Kleine ellipsenförmige Blätter mit rosafarbenen oder weißen Flecken.
Pflege: Braucht viel Licht, Wärme und höhere Luftfeuchtigkeit. Mäßige Wassergaben. Im Winter weniger gießen. Weiches Wasser verwenden.
Hinweis: Am besten jährlich neu aus Stecklingen heranziehen.

Pfeilwurz
Marantha leuconeura 'Fascinator'

  ↑ 15–25 -

Eine der schönsten Blattschmuckpflanzen. Am besten in Ampeln oder Schalen ziehen.
Wuchs: Niedrig bleibend. Kriechender Wuchs.
Blätter: Samtige, smaragdgrüne Blätter mit hellgrünen Flecken und roten Blattadern.
Pflege: Heller Standort (Ausfärbung Blätter!), warm und luftfeucht. Weiches, warmes Wasser. Gleichmäßig feucht, im Winter sparsamer gießen.
Hinweis: Blätter werden abends hoch gestellt (Schlafstellung).

Rote Blätter trumpfen auf

Unter den buntlaubigen Blattpflanzen sind vor allem jene hervorzuheben, die nicht nur andersfarbige Flecken oder Blattadern haben, sondern deren Blatt ganz rot bzw. violett ist. Wohldosiert eingesetzt und platziert können solche Pflanzen zu Eyecatchern im sonst grünen Sortiment werden. Wichtig ist dabei, dass sie genug Licht bekommen, weil sie sonst leicht vergrünen und ihre intensive Färbung verlieren.

Die Samtpflanze hat kuschelweiche Blätter und bei genügend Licht einen intensiven Purpurton. Etwas mehr ins Bräunliche variiert der Farbton beim Zwergpfeffer. Der dreiblättrige Glücksklee hat rotbraune Blätter und erfreut zudem noch mit zartrosa Blüten. Alle drei Pflanzen sind ganzjährig im Zimmer zu halten und bringen – im Gegensatz zu den meisten Blühpflanzen – ganzjährig einen Farbtupfer auf die Fensterbank.

Zwei verschiedene Sorten der Tüpfelblume mit roten bzw. rosa Flecken lassen sich auch wunderbar mit rosa Blüten kombinieren.

1 Samtpflanze
Gynura aurantiaca

☼-○ | ☞ | ↕ 20-30 | ❀ - | !

Auffällige Pflanze für Einzelstellung.
Wuchs: Kletternd bzw. hängend.
Blätter: Samtige, violett behaarte Blätter.
Pflege: Standort hell, mit ein paar Stunden Sonne pro Tag (Blattfärbung!). Ganzjährig bei Zimmertemperatur. Höhere Luftfeuchtigkeit erwünscht. Kein Wasser an die Blätter! Für kompakten Wuchs Triebspitzen entfernen. Am besten alle zwei Jahre aus Stecklingen neue Pflanzen ziehen. Mäßig düngen.
Hinweis: Enthält giftige Substanzen. Unangenehm riechende Blüten (am besten entfernen).

2 Glücksklee
Oxalis triangularis

○ | ☞ | ↕ 15-20 | ❀ 5-9 | -

Dreiblättriger »Glücksklee« mit violetten Blättern.
Wuchs: Krautige Horste. Im Frühjahr bis Sommer zartrosa Blüten.
Blätter: Gestielte, kleeartige, violette Blätter.
Pflege: Pflegeleicht. Sehr heller Standort, ohne Mittagssonne. Im Sommer gern draußen. Ganzjährige Zimmerkultur möglich. Im Winter etwas kühler (nicht über der Heizung). Leichte Vermehrung durch Teilung.

Art: *O. tetraphylla* – wird zu Silvester als Glücksklee verkauft.

3 Zwergpfeffer
Peperomia caperata

○ | ☞ | ↕ 10-30 | ❀ - | -

Ein Eyecatcher für die ganzjährige Zimmerkultur mit wenig Platzbedarf.
Wuchs: Polsterartig wachsende kleine Pflanzen.
Blätter: Runzelige, herzförmige, braunrote Blätter. Auch grünblättrige Sorten im Handel.
Pflege: Mäßiger Wasserbedarf. Ganzjährige Zimmerkultur. Höhere Luftfeuchtigkeit erwünscht.

Blätter in edlem Grau

Blätter mit silbrigen oder silbergrauen Stellen wirken sehr edel und machen – trotz der Abweichung vom rein-grünen Farbton – einen eher zurückhaltenden und dezenten Eindruck. Deshalb sind sie auch gerade für elegante und moderne Wohnstile hervorragend geeignet. Sie setzen Akzente, ohne sich allzu sehr in den Vordergrund zu drängen. Wer Farbe in sein Pflanzenarrangement bringen möchte, aber vor allzu viel Bunt zurückschreckt, ist mit diesen Pflanzen sehr gut beraten. Außerdem eröffnen sie viele Möglichkeiten Abwechslung in jedes Pflanzen-Arrangement zu bringen, indem man verschiedene Grün- bzw. Silbertöne miteinander kombiniert. So lassen sich schöne, dauerhafte Effekte zaubern, die keine Langeweile aufkommen lassen. Blattpflanzen mit silbergrauen Blattflecken erzeugen in Kombination mit Blütenpflanzen in Weiß-Tönen reizvolle Ton-in-Ton-Stimmungen. Dazu eignen sich besonders dezente Blüten wie die von Usambaraveilchen, Flamingoblumen mit weißen Hochblättern, Einblatt oder Zimmerkalla. Hier finden sich für jeden Geschmack geeignete Pflanzen: Von der robusten Lanzenrosette bis zur zarten Hängepflanze, z. B. der Leuchterblume, oder dem eigenwilligen Elefantenohr.

Die Leuchterblume mit ihren silbrigen Blättern ist ein toller Hingucker mit wenig Platz- und Pflegebedarf.

1 Lanzenrosette
Aechmea fasciata

○ | ☝ | ↕ 30-50 | ✿ 5-10 | !

Wohl die robusteste Bromelie. Wunderschöner Blütenstand, der sich monatelang hält.
Wuchs: Rosette. Pflanze blüht nur einmal (nach Jahren) und stirbt danach ab. Bildet vorher Kindel aus, die zur Vermehrung dienen!
Blätter: Hart, steif, silbrig-grün gebändert.
Pflege: Ganzjährig bei Zimmertemperatur. Weiches, zimmerwarmes Wasser verwenden. Im Sommer auch in den Trichter gießen.
Hinweis: Enthält giftige Substanzen.

2 Kolbenfaden
Aglaonema commutatum

○-◐ | ☝ | ↕ 30-50 | ✿ - | !

Pflegeleichte Blattschmuckpflanzen mit moderner Ausstrahlung.
Wuchs: Buschig, verzweigter Stamm.
Blätter: Lanzettliche Blätter in verschiedenen Silbertönen bzw. silberfarbenen Mustern.
Pflege: Pflegeleicht. Ganzjährig bei Zimmertemperatur. Weiches, zimmerwarmes Wasser verwenden. Ist für höhere Luftfeuchtigkeit dankbar.
Sorten: 'Silver Queen' – fast ganz silbrig mit einzelnen grünen Flecken. 'Silver King' – silber mit grünen Blattadern.

3 Leuchterblume
Ceropegia linearis subsp. *woodii*

☼-○ | ☝ | ↕ 30-100 | ✿ - | -

Zierliche, anspruchslose Ampelpflanze. Für viele Standorte geeignet.
Wuchs: Lange, dünne Triebe.
Blätter: Kleine, silberfarbige Blätter mit wenig grünen Stellen; unterseits rötlich.
Pflege: Pflegeleicht. Sonniger bis sehr heller Standort. Ganzjährige Zimmerkultur, im Winter gern etwas kühler. Ist unempfindlich gegen trockene Zimmerluft. Rückschnitt ist möglich.
Arten: *C. sandersonii* – ähnlich, aber anspruchsvoller.

BLATTFARBEN

Ctenanthe
Ctenanthe-Arten

 60-100

Pflanze mit relativ großem Platzbedarf.
Wuchs: Buschiger Wuchs.
Blätter: Silbrig-bunte Blätter, je nach Sorte in verschiedenen Ausfärbungen.
Pflege: Hell und luftfeucht stellen. Ganzjährig bei Zimmertemperatur. Zimmerwarmes, kalkarmes Wasser verwenden.
Hinweis: Blätter richten sich abends auf und erzeugen ein knackendes Geräusch.

Arten/Sorten: *C.* 'Greystar' – silbrig mit feinen, grünen Blattadern. *C. burle-marxii* 'Amagris' – silbrig mit breiten grünen Blattadern.

Efeutute
Epipremnum pinnatum

 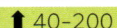 40-200

Anspruchslose Kletterpflanze, gut geeignet für Ampeln oder stabile Rankgitter.
Wuchs: Kletterpflanze mit langen Ranken.
Blätter: Weiß panaschierte Blätter. Im Handel gibt es häufig gelb panaschierte Sorten.
Pflege: Pflegeleicht. Heller stellen, ohne direkte Sonne. Zimmertemperatur. Als Rankpflanze benötigt sie ein stabiles Gerüst. Für gelegentliches Sprühen ist sie dankbar.

Elefantenohr-Kalanchoe, Samt-Kalanchoe
Kalanchoe beharensis

   40-100

Eine der größten Kalanchoe-Arten mit skulpturaler Wirkung und großen Blättern.
Wuchs: Sehr wüchsig. Sträucher oder im Alter baumartiger Wuchs.
Blätter: Groß und silbrig-weiß behaart. Erinnern entfernt an Elefantenohren.
Pflege: Sonniger Standort, aber ohne pralle Mittagssonne. Im Sommer gern regengeschützt im Freien. Im Winter mindestens 10 °C. Mäßiger Wasserbedarf. Kein Wasser an die Blätter.

4 Katzenohr
Kalanchoe tomentosa

☀-○ | ☞ | ↑ 30-45 | ✿ - | -

Interessante und pflegeleichte Blattschmuckpflanze mit samtigen Blättern.
Wuchs: Buschiger Wuchs.
Blätter: Weiß behaarte, filzige Blätter mit braunem Blattrand.
Pflege: Sonnig stellen, aber ohne pralle Mittagssonne. Im Sommer gern regengeschützt im Freien. Mäßiger Wasserbedarf. Im Winter mindestens 10 °C. Kein Wasser an die Blätter.

5 Gefleckte Efeutute
Scindapsus pictus

○-◐ | ☞ | ↑ 50-200 | ✿ - | !

Sehr schöne Ampel- bzw. Kletterpflanze für feuchtwarme Standorte.
Wuchs: Kletternd oder auch als Bodendecker für Wintergärten.
Blätter: Herzförmige, ledrige, immergrüne Blätter mit silberfarbigen Flecken.
Pflege: Anspruchsvoll. Ganzjährig bei Zimmertemperatur. Hohe Luftfeuchtigkeit erforderlich. Im Winter etwas kühler und trockener halten.
Hinweis: Enthält giftige Substanzen.

6 Zebrakraut
Tradescantia pendula

○ | ☞ | ↑ 25-50 | ✿ - | -

Attraktive Ampelpflanze für Anfänger.
Wuchs: Kletternd bzw. hängend.
Blätter: Kleine Blätter mit silberfarbigen Streifen.
Pflege: Pflegeleicht. Heller Standort wegen der Blattfärbung! Ganzjährig bei Zimmertemperatur. Im Winter gern etwas kühler. Mäßig feucht. Für kompakten Wuchs regelmäßig entspitzen.
Hinweis: Am besten jährlich neu aus Stecklingen ziehen. Auch unter *Zebrina pendula* im Handel.

BLATTFARBEN

Von gefleckt bis gescheckt

Pflanzen mit weiß-grünen bis gelb-grün gefleckten Blättern sind sehr beliebt und mittlerweile von vielen im Handel befindlichen Arten erhältlich. Manche Pflanzen, z. B. Henne mit Küken, werden fast nur als panaschierte Sorten angeboten. Es ist Geschmackssache, ob man diese Variationen mag oder nicht. Insgesamt wirken diese Pflanzen durch die helleren Blätter freundlicher als (dunkel)grüne Blätter. In Kombination mit nicht panaschierten Arten lassen sich interessante Effekte erzeugen. Auch eine Zusammenstellung aus Pflanzen mit panaschierten Blättern und creme- oder gelbfarbigen Blüten bildet eine harmonische Gruppe. Eine weitere schöne Möglichkeit wäre den Gelb- oder Weißton der Blattmusterung beim Pflanzgefäß aufzugreifen. Im Bild links wiederholt sich das Gelb der Blattflecken in den Pflanzgefäßen und bildet so ein stimmiges Ganzes. Es lohnt auf jeden Fall mit solchen Variationen einmal zu experimentieren. Eines sollten Sie allerdings bedenken: Panaschierte Pflanzen sind in der Regel etwas empfindlicher und stellen höhere Ansprüche an Temperatur, Luftfeuchtigkeit und Lichtintensität als ihre grünen Stammformen.

Mit panaschierten Blättern lassen sich interessante Effekte erzeugen, wie hier mit Dieffenbachien, die es in ganz unterschiedlichen Farbvariationen gibt.

1 Dieffenbachie
Dieffenbachia-Arten

○ | ☞ | ↕ 40-100 | ✿ - | !

Beliebte Zimmerpflanze mit gemustertem Laub.
Wuchs: Stamm mit großen, eiförmigen Blättern. Ältere Pflanzen verlieren die untersten Blätter. Dann ist ein Rückschnitt empfehlenswert.
Blätter: Je nach Art und Sorte unterschiedlich gelb panaschierte Blätter.
Pflege: Ganzjährig warm. Höhere Luftfeuchtigkeit erwünscht. Im Winter gern etwas kühler und trockener. Kalkarm und temperiert gießen. Die Blätter gelegentlich abwischen.

2 Kletterfeige
Ficus pumila 'Variegata'

○-◐ | ☞ | ↕ 15-150 | ✿ - | -

Hübsche Pflanze mit frischer Ausstrahlung.
Wuchs: Kletternd bzw. hängend. Schön für Ampeln, Amphoren und zur Begrünung von Wänden. Auch als Bodendecker geeignet.
Blätter: Kleine, eiförmige, sattgrüne Blätter mit weißem Rand.
Pflege: Standort hell, ohne pralle Sonne. Gleichmäßig, leicht feucht. Höhere Luftfeuchtigkeit erwünscht. Ganzjährige Zimmerkultur, im Winter gern kühler. Mäßig düngen.

3 Henne mit Küken
Tolmiea menziesii

○-◐ | ☞ | ↕ 20-30 | ✿ - | -

Pflegeleichte, kleine Pflanze für Schalen.
Wuchs: Kleine Pflanze, die eher in die Breite wächst und sich deshalb gut für Ampeln und Schalen eignet.
Blätter: Meist hellgrün bzw. cremefarbig panaschiert. Auf den älteren Blättern bilden sich kleine Tochterpflanzen (»Küken«).
Pflege: Am besten heller Standort, ohne volle Sonne. Gern Nordfenster. Gedeiht besser an kühleren Standorten (z. B. im Treppenhaus).
Hinweis: Leichte Vermehrung durch »Küken«.

LIEBLINGSPFLANZEN

Orchideen – Diven ohne Allüren

Orchideen galten lange Zeit als Inbegriff für Luxus und Exotik. Noch zu Beginn des 20. Jahrhunderts war es nur wenigen Menschen vorbehalten, sich diese Pflanzen ins Haus zu holen. Sie wurden auf abenteuerliche Weise aus ihren Ursprungsländern importiert und oft zu horrenden Summen verkauft.

Heute stammen alle sich im Handel befindlichen Orchideen aus Zuchtbetrieben.
Während manche Menschen ihre Orchideen immer wieder zum Blühen bringen, will sich bei anderen dieses Glück einfach nicht einstellen. Dabei können Orchideen – bei richtigem Standort und richtiger Pflege – langjährige Begleiter in unserer Wohnung sein.
Generelle Pflegeregeln lassen sich nur schwer aufstellen, da es nicht nur deutliche Unterschiede zwischen den einzelnen Gattungen, sondern durch Einkreuzungen auch innerhalb einer Gattung Gruppen mit verschiedenen Ansprüchen gibt. Wenn man langfristig Freude an seinen Orchideen haben und diese immer wieder zum Blühen bringen will, empfiehlt es sich, sich im Fachhandel, Internet oder einschlägigen Büchern speziell über Temperaturansprüche, Luftfeuchtigkeit und Ruhezeiten zu informieren.
Dennoch seien einige grundsätzliche Regeln genannt: Orchideen wollen hell, aber niemals in der prallen Sonne stehen. Verwenden Sie ein spezielles Orchideensubstrat und einen Orchideendünger für die optimale Versorgung. Halten Sie ihre Orchideen niemals zu nass.

Elegante und haltbare Blütenstände machen Orchideen, wie diese Schmetterlingsorchidee, zu einem dankbaren und reizvollen Zimmerschmuck.

Cattleya
Cattleya-Arten und -Hybriden

○   ☞   ↕ 20–80   ✿ 1–3   –

Neben der Phalaenopsis gehört sie zu den klassischen Orchideen.
Wuchs: Bulben mit ein oder zwei dickfleischigen Blättern.
Blüte: Wenige und große Blüten (Einblättrige) und mehrere, aber kleinere Blüten (Zweiblättrige, gelten als widerstandsfähiger). Blüten in Weiß, Rosa, Rot, Violett, Gelb und Orange; auch mehrfarbig und gestreift.
Pflege: Heller Standort, ohne direkte Sonne. Temperiert (im Sommer bei 18–29 °C und im Winter bei 12–17 °C). Viel frische Luft, keine Zugluft. Nachts deutliche Temperaturabsenkung (ca. 5 °C). Nach der Blüte bzw. der Triebausreifung folgt eine Ruhezeit.

Cymbidium
Cymbidium-Hybriden

○   ☞   ↕ 20–100   ✿ 10–2   –

Miniaturformen sind wegen der Größe und Pflegeleichtigkeit eher für Zimmerkultur geeignet.
Wuchs: Aufrecht, dicht buschig. Lange, schmale, lanzettliche Blätter.
Blüte: Vielblütige Rispen. Sehr lange haltbar (auch als Schnittblumen). Blüten in Weiß, Gelb, Orange, Rosa, Rot und Grüntönen.
Pflege: Sehr heller Standort. Luftfeucht. Viel frische Luft, keine Zugluft. Deutliche Temperaturabsenkung nachts. Bis zur Knospenausreifung aber gleichmäßige und kühle Temperaturen. Hoher Nährstoffbedarf. Während der Blüte und ca. 4 Wochen nach der Blüte sparsamer gießen und düngen. Keine Ruhezeit.
Hinweis: Bei Winterblühern profitiert man von der natürlichen Temperaturdifferenz.

LIEBLINGSPFLANZEN

Dendrobium
Dendrobium-Hybriden

○ ↑ 30-50 ✿ 11-3 -

Vielgestaltige Orchideen mit – je nach Herkunft – unterschiedlichen Pflegeansprüchen.
Wuchs: Aufrecht. Vielgestaltig je nach Art.
Blüte: Traubenartige Blütenstände. Blüten in Weiß, Gelb, Orange, Rosa, Rot, Violett, aber auch Grün- und Brauntöne. Gruppe 1: Blüte ab Januar. Gruppe 2: Blüte von Herbst bis Frühjahr.
Pflege: Beide Gruppen: Heller Standort. Luftfeucht. Temperaturabsenkung nachts ist wichtig. Gruppe 1: kühle Überwinterung bei 5-10 °C, Ruhephase von Oktober bis Dezember. Gruppe 2: ganzjährig bei Zimmertemperatur, keine Ruhephase.
Hinweis: Dendrobien der Gruppe 2 sind pflegeleichte Orchideen.

Stiefmütterchen-Orchidee
Miltoniopsis-Hybriden

◐-◑ ↑ 20-30 ✿ 9-11 -

Besonders reizvolle Orchideenblüten.
Wuchs: Einblättrige Bulben. Ähnlich wächst Miltonia mit zweiblättrigen Bulben.
Blüte: Ähneln den Blüten des bekannten Stiefmütterchens.
Pflege: Halbschattiger bis heller Standort. Hohe Luftfeuchtigkeit. Ganzjährig eher kühl halten. Im Sommer gern im Freien. Das Substrat darf während dem Wachstum nicht austrocknen. Nach Abschluss des Triebwachstums bis zur Knospenbildung etwas trockener (ohne Austrocknen!) halten.

Arten: *Miltonia* – ähnlich in Aussehen und Pflege, mit zweiblättrigen Bulben.

Frauenschuh
Paphiopedilum-Hybriden

◐-◑   🪴   ↕ 25-50   ✿ 10-2   -

Für die Zimmerkultur eignen sich am besten mehrblütige Arten für temperiert-warme Räume.
Wuchs: Kleiner bleibende Orchidee. Aufrecht. Rosette aus lanzettlichen Blättern.
Blüte: Blüte ähnlich einem Frauenschuh. Blüten in Gelb, Orange, Rosa, Violett, Rot, aber auch Grün und Brauntöne; auch mehrfarbig.
Pflege: Am besten hell stellen, ohne direkte Sonne. Ganzjährig mäßig warm kultivieren. Luftig, ohne Zugluft. Höhere Luftfeuchtigkeit erwünscht. Mäßig feucht halten, nicht ganz austrocknen lassen. Gießwasser darf auch leicht kalkhaltig sein. Nach Triebabschluss bis zur Blütenbildung ist nächtliche Temperaturabsenkung wichtig. Nach der Blüte ca. 6 Wochen Ruhezeit, dann trockener halten.

Schmetterlings-Orchidee
Phalaenopsis-Hybriden

◐-◑   🪴   ↕ 15-100   ✿ 1-12   -

Der Klassiker unter den Orchideen!
Wuchs: Große, breite, ledrige, dunkelgrüne Blätter. Fleischige Wurzeln. Auch Miniformen sind im Handel.
Blüte: Hoch aufragende Blütenstände erreichen teilweise eine Höhe bis ein Meter. Blüten in Weiß, Gelb, Orange, Rosa, Rot, Violett und Grüntönen. Auch mehrfarbig, gestreift oder gepunktet.
Pflege: Pflegeleicht. Ganzjährige Zimmerkultur. Frische Luft. Höhere Luftfeuchtigkeit erwünscht. Mäßig gießen, aber nicht austrocknen lassen. Eine deutliche Absenkung der nächtlichen Temperatur (bis 16 °C) für mehrere Wochen fördert die Blütenbildung.

LIEBLINGSPFLANZEN

Strandfeeling mit Palmen

Würde man Menschen befragen, mit welchen Pflanzen sie wohl am ehesten ein Urlaubsgefühl verbinden, würde die Antwort wohl in den meisten Fällen »Palmen« lauten. Mit Palmen lässt sich eine entspannte Atmosphäre zaubern, die uns aus dem oft grauen Alltag herausholt. Wir verbinden mit ihnen Muse und Erholung. Wie wäre es beispielsweise mit einer entspannenden Musestunde in Ihrer Leseecke oder einem Bad unter Palmenwedeln? Palmen sind ausgesprochen vielgestaltig und für die verschiedensten Wohnsituationen geeignet. Neben etwas anspruchsvolleren Arten – vor allem hinsichtlich Lichtbedarf und Luftfeuchtigkeit – finden sich auch viele dekorative Arten, die sehr gut bei ganzjähriger Zimmerkultur gedeihen. Neben langsam wüchsigen Arten, die lange auf der Fensterbank gehalten werden können, finden sich im Sortiment auch Palmen, die in relativ kurzer Zeit zu ansehnlichen Zimmerbäumen heranwachsen und optische Highlights setzen.

Drei ganz unterschiedliche Palmen (Dattel-, Stecken- und Kentiapalme) präsentieren sich in einer Zimmerecke und lassen unbeschwertes Urlaubsfeeling aufkommen.

Fischschwanzpalme
Caryota mitis

  ↑ 100–300 –

Empfehlenswerte, außergewöhnliche Pflanze, der man die Palme nicht unbedingt ansieht.
Wuchs: Buschig, mehrstämmig. Bis Zimmerhöhe.
Blätter: Palmenuntypische Blätter, die an einen Fischschwanz erinnern sollen.
Pflege: Sehr heller Standort, ohne pralle Sonne. Ganzjährig bei Zimmertemperatur. Für höhere Luftfeuchtigkeit, v. a. im Winter, sorgen. Kalkarmes Wasser verwenden. Hoher Wasserbedarf. Im Winter sparsamer gießen.

Bergpalme
Chamaedorea elegans

   25–100 – –

Pflegeleichte Palme für das Zimmer mit relativ wenig Platzbedarf.
Wuchs: Buschig aufrecht wachsende, kleiner bleibende Palme.
Blätter: Typische hellgrüne Palmenwedel.
Pflege: Hell stellen, auch halbschattig (wächst dann langsamer). Zimmertemperatur. Im Sommer auch im Freien. Im Winter gern etwas kühler. Höhere Luftfeuchtigkeit erwünscht. Mäßiger Wasserbedarf. Kalkarm gießen.

Zwergpalme
Chamaerops humilis

   80–150 – !

Pflegeleichte Palme aus dem Mittelmeerraum, die Urlaubsfeeling verbreitet.
Wuchs: Langsam wachsend. Bildet im Alter einen Stamm aus.
Blätter: Fächerförmige, blaugrüne Blätter. Blattstiele mit scharfen Dornen besetzt.
Pflege: Robust. Im Sommer bevorzugt im Freien. Kühle Überwinterungsmöglichkeit bei ca. 10 °C nötig, dann auch weniger hell möglich.
Hinweis: Vorsicht vor den Dornen!

LIEBLINGSPFLANZEN

Goldfruchtpalme
Chrysalidocarpus lutescens

○   ↑ 100-250   -   -

Weit verbreitete, sehr buschig wachsende Palme für ganzjährige Zimmerkultur.
Wuchs: Buschig, mehrstämmig. Bis Zimmerhöhe. Dünne, dicht wachsende Blattstiele.
Blätter: Palmentypische Wedel in sattem Grün.
Pflege: Ganzjährig bei Zimmertemperatur. Im Sommer gern auch draußen. Höhere Luftfeuchtigkeit erwünscht. Hoher Wasserbedarf.

Kentiapalme
Howea forsteriana

○-◐   100-200   -   -

Pflegeleichte, elegante Palme für ganzjährige Zimmerkultur.
Wuchs: Dichter, gleichmäßiger Wuchs. Wächst relativ langsam.
Blätter: Elegante, bogig überhängende, dunkelgrüne Wedel.
Pflege: Robust. Am besten hell stellen, ohne pralle Sonne. Ganzjährige Zimmerkultur. Im Sommer gern auch geschützt im Freien. Höhere Luftfeuchtigkeit erwünscht. Gelegentlich in warmen Sommerregen stellen.

Livistonie
Livistona rotundifolia

☀-○    50-250   -   !

Elegante Palme für ganzjährige Zimmerkultur.
Wuchs: Buschig. Bis Zimmerhöhe. Wüchsig, bei günstigen Bedingungen. Bedornte Triebe!
Blätter: Fächerförmige, glänzende, sehr dekorative, fast kreisrunde (Name!) Wedel.
Pflege: Sonniger bis heller Standort, ohne pralle Mittagssonne. Ganzjährig Zimmertemperatur. Mäßiger Wasserbedarf. Verträgt auch trockenere Zimmerluft.

Arten: *L. chinesis* und *L. australis* – etwas kühler im Winter.

Kanarische Dattelpalme
Phoenix canariensis

  ↕ 100–200 – –

Pflegeleichte Anfängerpalme für Einzelstellung.
Wuchs: Buschig. Wächst ausladend in die Breite (Platzbedarf!). Bildet im Alter einen Stamm aus.
Blätter: Typische, ziemlich hartblättrige, steife, dunkelgrüne Wedel.
Pflege: Pflegeleicht. Sonniger Standort. Im Sommer am besten draußen oder luftig im Zimmer. Sollte kühl bei ca. 12 °C überwintert werden.

Art: *Ph. roebelenii* – für ganzjährige Zimmerkultur besser geeignet, bis ca. ein Meter hoch.

Hohe Steckenpalme
Rhapis excelsa

  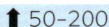 – –

Erinnert im Aussehen eher an Bambus.
Wuchs: Dichter, buschiger Wuchs mit bambusähnlichen Stängeln.
Blätter: Fächerförmige, tief eingeschnittene, dunkelgrüne Wedel.
Pflege: Pflegeleicht. Bevorzugt generell kühlere Standorte bis 20 °C. Im Sommer gern draußen. Liebt höhere Luftfeuchte und kalkarmes Wasser.

Art: Niedere Steckenpalme (*R. humilis*) – ähnlich in der Pflege, bis ein Meter hoch.

Washingtonpalme
Washingtonia filifera

   – !

Dekorative, auffällige Palme für alle, die eine kühle Überwintersmöglichkeit haben.
Wuchs: Bildet im Alter Stämme aus. Die abgestorbenen Blätter bleiben an der Pflanze und können abgeschnitten werden.
Blätter: Fächerförmige, fast kreisförmige Blätter mit dekorativen Bastfäden.
Pflege: Standort sonnig bis hell, ohne pralle Sonne. Im Sommer gern draußen. Für gutes Gedeihen ist ein heller, kühler Winterstandort nötig.
Hinweis: Blattstiele mit spitzen Stacheln!

LIEBLINGSPFLANZEN

Üppiges Grün mit Farnen

Farne zählen zu den ältesten Pflanzen auf dieser Erde. Ihre fossilen Überreste finden sich noch heute als unsere Steinkohlelager wieder. Diese alten Farne waren allerdings imposante, baumartige Gewächse, die mit unseren Zimmerpflanzen nur noch entfernte Ähnlichkeit besitzen. Im Laufe der Zeit wurden die Farne durch Blütenpflanzen immer mehr in das Untergehölz der Wälder abgedrängt. Und gemäß ihrer Herkunft lieben sie es auch meist schattig und feucht.

Farne sind eine sehr vielfältige Gruppe, die fast über die ganze Erde verbreitet ist und es lohnt sich, sich mit den verschiedenen Arten näher zu befassen. Farne sind ideale Pflanzen für Menschen, die mit viel buschigem Grün einen Waldcharakter erzeugen wollen. Sie wirken mit ihrer satten grünen Farbe und ihren Wedeln natürlich und ungekünstelt. Da sie sich nicht in den Vordergrund drängen, lassen sie sich gut mit anderen Pflanzen kombinieren. Vor allem für Blütenpflanzen geben sie einen ruhigen und stimmigen Hintergrund ab.

Die sattgrünen Wedel verschiedener Farne ergeben mit roten Übertöpfen ein variationsreiches Ensemble.

Rippenfarn
Blechnum gibbum

◐-● | 🖐 | ↕ 30-100 | ✿ - | -

Interessanter Zimmerfarn, der unter günstigen Bedingungen sehr groß werden kann.
Wuchs: Rosettenförmiger Wuchs. Wächst langsam, bildet erst im Alter einen Stamm aus.
Blätter: Typische Farnwedel, hellgrün.
Pflege: Standort am besten hell, ohne pralle Sonne. Höhere Luftfeuchtigkeit. Ganzjährig bei Zimmertemperatur. Gleichmäßige Bodenfeuchtigkeit ist wichtig! Mit kalkarmem, temperiertem Wasser gießen.

 ## Schwertfarn
Nephrolepis exaltata

◐-● | 🖐 | ↕ 20-100 | ✿ - | -

Der beliebteste Zimmerfarn. Kommt am besten bei ausreichendem Platz zur Geltung.
Wuchs: Rosettenförmiger Wuchs.
Blätter: Typische Farnwedel in verschiedenen Formen von einfachen, glatten Blättchen bis zu gekräuselten Formen.
Pflege: Standort hell, ohne pralle Sonne. Ganzjährig bei Zimmertemperatur. Höhere Luftfeuchtigkeit. Gleichmäßige Bodenfeuchtigkeit ist wichtig! Mit kalkarmem, temperiertem Wasser gießen.

 ## Saumfarn
Pteris cretica

◐-● | 🖐 | ↕ 10-25 | ✿ - | -

Interessanter Farn mit – je nach Sorte – sehr verschieden aussehenden Blättern.
Wuchs: Rosettenförmig.
Blätter: Vielgestaltig, je nach Sorte. Grün oder auch weiß bzw. gelb panaschiert.
Pflege: Heller Standort (v. a. die Buntlaubigen). Ganzjährig bei Zimmertemperatur. Hohe Luftfeuchtigkeit. Gleichmäßige Bodenfeuchtigkeit! Kalkarmes, temperiertes Wasser verwenden.
Hinweis: Gut geeignet für Flaschengärten bzw. geschlossene Blumenfenster.

LIEBLINGSPFLANZEN

Genügsame Kakteen und Sukkulenten

Sukkulenten sind Pflanzen, die durch die Anpassung an trockene Standorte verschiedene Pflanzenorgane, wie Blätter oder Stamm, zu Wasserspeicherorganen umgebildet haben. Meist geht das noch einher mit Verdunstungsschutz in Form von wachsartig überzogenen oder behaarten Blättern oder anderen Pflanzenorganen.

Von ihrer Herkunft und den Standortbedingungen lassen sich auch die grundlegenden Pflegeregeln ableiten. Sukkulenten benötigen viel Licht und vertragen auch direkte Sonne. Sie brauchen durchlässige Erde (Kakteenerde). Sie nehmen es nicht übel, wenn man sie einmal zu gießen vergisst, wollen aber keinesfalls ständig in feuchter Erde stehen. In der Regel werden Kakteen und Sukkulenten erst gegossen, wenn die oberste Substratschicht abgetrocknet ist. Besonders auf Staunässe reagieren sie sehr empfindlich.

Sie sind ideal für Menschen, die eher sporadisch zur Gießkanne greifen. Allerdings sollte man nicht vergessen, dass auch Sukkulenten und Kakteen zum Wachsen und Gedeihen in der Wachstumsphase ausreichend Wasser und Nährstoffe brauchen.

Kakteen und Sukkulenten sind an Formenvielfalt kaum zu überbieten und finden deshalb viele Liebhaber.

KAKTEEN UND SUKKULENTEN _ 72 | 73

Aeonium
Aeonium arboreum

  ↑ 25-100 -   -

Schmucke Bäumchen für das Fensterbrett.
Wuchs: Bildet kleine Stämmchen aus, an denen die Blattrosetten sitzen.
Blätter: Kleine Blättchen in Rosetten, je nach Sorte in verschiedenen Ausfärbungen.
Pflege: Pflegeleicht. Im Sommer warm und luftig, am besten im Freien. Kühl überwintern (mind. 10 °C), trockener halten. Mäßiger Wasserbedarf.
Hinweis: Rosetten sterben nach der Blüte ab.

Sorte: 'Schwarzkopf' – dunkelviolette, fast schwarze Blätter.

Echte Aloe
Aloe vera

    -   -

Dekorative Sukkulente, die auch zu Heil- bzw. Kosmetikzwecken verwendet wird.
Wuchs: Schmale Blattrosetten. Bildet auch attraktive Blütenstände aus.
Blätter: Dickfleischige, gezähnte Blätter.
Pflege: Pflegeleicht. Im Sommer warm und luftig, am besten im Freien. Im Winter bevorzugt sie einen kühleren Standort, trockener halten. Mäßiger Wasserbedarf.

Dickblatt
Crassula ovata **'Horntree'**

   -   -

Ungewöhnlicher Mini-Baum für die Fensterbank.
Wuchs: Baumartig, wirkt fast wie ein Bonsai.
Blätter: Röhrenförmige, eigenartig geformte, längliche Blätter.
Pflege: Sehr pflegeleicht. Im Sommer warm und luftig, am besten geschützt im Freien. Im Winter bevorzugt sie einen kühleren Standort, trockener halten. Mäßiger Wasserbedarf.
Hinweis: Ist eine Verwandte des bekannten Geldbaumes *Crassula ovata*.

LIEBLINGSPFLANZEN

Schwiegermuttersessel
Echinocactus grusonii

  ↑ 10-60 - !

Beliebter, schöner Kaktus mit uncharmantem deutschen Namen.
Wuchs: Kugelförmig und sehr langsam wüchsig.
Blätter: Gelbe, harte Stacheln.
Pflege: Sonnige, warme Standorte im Sommer. Im Winter bevorzugt kühler und trockener (angepasst an die Temperatur) halten. Bei Lichtmangel unschöner Wuchs.
Hinweis: Sehr harte und stabile Stacheln (Vorsicht Verletzungsgefahr!)

Blattkaktus
Epiphyllum-Hybriden

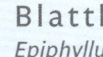 ↑ 20-30 1-12 D

Pflanzen mit atemberaubenden Blüten.
Wuchs: Hängend. Als Epiphyten am besten in flachen Gefäßen wie Schalen und Ampeln. Flache eingekerbte Blatttriebe ca. 5 cm breit.
Blüte: In den Blattkerben bilden sich eindrucksvolle Blüten. Die Blütezeit ist abhängig von der Art, auch ganzjährig. Manche Blüten duften.
Pflege: Pflegeleicht. Im Sommer warm und luftfeucht stellen. Im Winter kühler und trockener. Höherer Wasserbedarf als andere Kakteen.
Hinweis: Sehr artenreiche Gruppe.

Bleistift-Euphorbie
Euphorbia tirucalli

  ↑ 25-200 - !

Auffällige Pflanze für sonnige Standorte.
Wuchs: Strauchig. Skulpturaler Wuchs. Kann bei optimalen Bedingungen recht groß werden (Stutzen ist möglich).
Blätter: Sukkulente Triebe mit kleinen, eher unscheinbaren Blättchen.
Pflege: Liebt es warm und sonnig. Im Winter gern etwas kühler und dann trockener halten. Bei Bedarf mit Bambusstäben stützen.
Hinweis: Enthält giftige Substanzen.

4 Flaschenpflanze
Jatropha podagrica

◐-◑ | 🥄 | ↕ 30-60 | ✿ 4-5 | !

Ausgefallene, skulpturale Hingucker-Pflanze.
Wuchs: Flaschenförmiger, sukkulenter Stamm.
Blätter: Gelappte Blätter, die an Feigenblätter erinnern. Doldenförmiger, roter Blütenstand auf langem Stängel.
Pflege: Heller Standort. Im Sommer bei Zimmertemperatur und luftig. Ruhezeit nach Blattfall, dann fast trocken bei max. 20 °C. Bei Neuaustrieb wieder gießen. Mäßiger Wasserbedarf.
Hinweis: Enthält giftige Substanzen.

5 Opuntie, Feigenkaktus
Opuntia-Arten

☀ | 🥄 | ↕ 25-100 | ✿ - | !

Neben den essbaren Kaktusfeigen von *Opuntia ficus-indica* gibt es auch schöne Zierarten.
Wuchs: Strauchig oder bäumchenförmig.
Blätter: Typisch sind scheibenförmige, abgeflachte oder auch zylindrische Triebe. Areolen mit Dornen und/oder mit Glochiden (Borsten mit Widerhaken).
Pflege: Im Sommer gern auch im Freien. Im Winter deutlich kühler. Je nach Art und Winterschutz auch frosthart.

Art: *O. microdasys* – mit schönen, goldgelben Areolen.

6 Korallenkaktus
Rhipsalis-Arten

◐-◑ | 🥄 | ↕ 25-200 | ✿ 1-5 | -

Skulptural und modern wirkende Ampelpflanze.
Wuchs: Hängepflanze. Im Frühjahr mit kleinen (meist) weißen Blüten, später weiße Beeren.
Blätter: Mehr oder weniger dünne, verzweigte, herabhängende Triebe. Diese sind je nach Art zylindrisch, gerippt, blattartig.
Pflege: Pflegeleicht. Standort ohne pralle Sonne. Zimmertemperatur, im Sommer auch geschützt im Freien. Im Winter gern etwas kühler.

WOHNSTILE

Landlust für zu Hause

Der Landhausstil ist einer der beliebtesten Wohnstile der letzten Jahre, weil er die Bedürfnisse des modernen Menschen erfüllt, ohne ihn in seinen Gestaltungs- und Ausdrucksmöglichkeiten einzuschränken.
Der Landhausstil ist unkompliziert: Natürliche Materialien, Lebensfreude und Wertschätzung sind seine hervorstechenden Merkmale. Schlichte, schöne Möbelstücke, an denen die Zeit nicht spurlos vorüber gegangen sein muss und die Freude an Arrangements aus geschätzten Dingen, machen den Landhausstil so liebenswert.
Pflanzen, die den Landhausstil bereichern, sollten möglichst natürlich wirken. Strenge, skulpturale Formen und Pflanzen mit exotischem Aussehen sind tabu. Gewächse, gern auch mit üppigem Wachstum, und freundlich wirkende Pflanzen wie die Zimmerlinde, sind eine hervorragende Bereicherung für diesen Stil. Und natürlich dürfen die Pflanzen nicht fehlen, die traditionell mit dem Landleben in Verbindung gebracht werden: Pelargonien in allen Formen, z. B. Duft- und Edelpelargonien. Auch an üppigen »Orchideen« muss es nicht fehlen, wie die Bauernorchidee sehr schön zeigt.

Der Landhausstil steht für unbeschwerte Gemütlichkeit und Liebe zur Natur. Deshalb dürfen hier üppige Grün- und Blütenpflanzen nicht fehlen.

LANDHAUS _ 76|77

1 Zier-Spargel
Asparagus-Arten

  ↑ 25-100 - -

Anfängerpflanze für die schnelle und wirkungsvolle Begrünung.
Wuchs: Üppig wachsende und trotzdem zierlich wirkende Blattpflanzen.
Blätter: Filigranes Blattwerk (Seitenzweige). Die eigentlichen Blätter sind zu Stacheln umgebildet.
Pflege: Gleichmäßige Bodenfeuchtigkeit erwünscht. Im Winter etwas kühler stellen.
Hinweis: Blätter oft als Schnittgrün.

2 Madagaskarglöckchen
Bryophyllum manginii

  ↑ 15-30 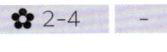 2-4 -

Mit ihrem natürlichen und heiteren Aussehen eine Bereicherung für das Landhausambiente.
Wuchs: Buschiger, leicht hängender Wuchs. Gut geeignet für Ampeln und Amphoren.
Blüte: Glockenförmige, kleine Blüten in dichten Büscheln. In Rosa, Orange und Rot.
Pflege: Standort hell, auch sonnig. Im Sommer geschützt im Freien. Im Winter kühler stellen, vier Wochen bei 10-15 °C sind förderlich für die Blütenbildung. Mäßiger Wasserbedarf.
Hinweis: Wird auch unter *Kalanchoe manginii* im Handel geführt.

3 Kriechendes Schönpolster
Callisia repens

  ↑ 10-30 - -

Grazile, klein bleibende Hängepflanze, besonders schön für Schalen und Amphoren.
Wuchs: Hängend bzw. kriechend.
Blätter: Fleischige Blättchen, zur Triebspitze hin kleiner werdend.
Pflege: Pflegeleicht. Standort am besten hell, ohne pralle Sonne. Ganzjährig bei Zimmertemperatur. Höhere Luftfeuchtigkeit erwünscht. Gleichmäßig feucht halten. Für kompakten Wuchs regelmäßig entspitzen.

WOHNSTILE

Königswein
Cissus rhombifolia

   25-150 -

Besondere Kletterpflanze, wertet jeden Platz auf.
Wuchs: Hängend, kletternd. Am schönsten an Rankgittern hochzuziehen. An günstigen Standorten üppiges Wachstum.
Blätter: Rautenförmig, dunkelgrün, glänzend.
Pflege: Pflegeleicht. Keine pralle Sonne. Mäßig feucht halten. Höhere Luftfeuchte erwünscht. Zur besseren Verzweigung die Triebspitzen auskneifen. Bei Verkahlen von unten auch Rückschnitt möglich.

Sorte: 'Ellen Danica' – mit dreifach geteilten Blättern.

Blaues Lieschen
Exacum affine

 10-20  6-9 D

Zierliche Topfpflanze, auch für die Fensterbank.
Wuchs: Niedrige Polster mit zierlichen Blättern.
Blüte: Grazile, duftende Blüten, meist in Blau oder in Weiß; auch gefüllte Sorten.
Pflege: Heller Standort, ohne pralle Sonne. Mäßig, aber gleichmäßig feucht halten. Verblühtes regelmäßig auszupfen, das fördert die Blüte.
Hinweis: Pflanze ist zweijährig und stirbt nach der Blüte im Herbst ab.

Efeu
Hedera helix

   20-200 -

Efeu in romantischen Gefäßen gilt als Inbegriff der Landhausromantik.
Wuchs: Kletternd, hängend oder kriechend. Deshalb gut für Ampeln und Amphoren.
Blätter: Typische Efeublätter. Grüne, aber auch viele buntblättrige Sorten mit cremefarbenen Blattstellen.
Pflege: Liebt es kühl, luftfeucht, absonnig. Bunte Sorten brauchen mehr Licht (Blattzeichnung!) und Wärme als grüne. Im Sommer gern auf dem Balkon, im Winter in mäßig geheizten Räumen.

4 Chinesischer Roseneibisch
Hibiscus rosa-sinensis

☼ | ☕ | ↕ 40–250 | ✿ 1–12 | –

Üppige Blütenpracht in fast allen Farben für ein frisches Ambiente.
Wuchs: Buschiger, immergrüner Strauch.
Blüte: Trichterartige Blüten in Weiß, Gelb, Orange, Rot, Rosa; einfach und gefüllt. Ganzjährige Blüte bei sonnigem Platz (auch im Winter) möglich.
Pflege: Ist empfindlich gegen Temperaturschwankungen und Standortwechsel. Hoher Nährstoff- und Wasserbedarf im Sommer. Rückschnitt im Frühjahr für kompakten Wuchs.

5 Braut-Myrte
Myrtus communis

☼ | ☕ | ↕ 25–200 | ✿ 6–8 | D

Nostalgische Pflanze mit Landhaus-Flair.
Wuchs: Grazile Sträucher, auch als Hochstamm.
Blätter: Blätter duften beim Zerreiben würzig.
Pflege: Sonnigen Standort wählen. Viel frische Luft. Kühl überwintern bei max. 10 °C, mäßiger Wasserbedarf. Kalkfreies Wasser verwenden. Schnittverträglich; Formschnitt geht auf Kosten der kleinen, weißen Blüten im Sommer.
Hinweis: Kübelpflanze, die bis 1,5 m hoch werden kann. Im Sommer auf Balkon und Terrasse.

6 Edel-Pelargonie
Pelargonium grandiflorum

☼-○ | ☕ | ↕ 20–50 | ✿ 4–7 | –

Pelargonien sind die klassischen Pflanzen für den Landhausstil!
Wuchs: Strauchiger Wuchs.
Blüte: Große Blüten in dichten Dolden in Weiß, Rosa, Rot und Violett.
Pflege: Luftig stellen, aber ohne Zugluft. Mäßig, aber regelmäßig gießen. Kühle Überwinterung bei 10–15 °C zur Blütenanlage.
Hinweis: Im Gegensatz zu den Balkongeranien bevorzugen die Edelpelargonien einen sommerlichen Standort im Zimmer.

Duftgeranie
Pelargonium-Arten

| ☼ | 💧 | ↕ 20-50 | ✿ 5-10 | D |

Blattduftpflanzen für Landhaus-Feeling.
Wuchs: Sträucher aus Südafrika.
Blätter: Samtig behaart; duften bei Berührung nach den verschiedensten »Geschmacksrichtungen«, z. B. nach Rose, Zitrone, Pfefferminze.
Pflege: Sonnig stellen, den Sommer über im Freien. Mäßig gießen. Im Winter kühler Standort (zur Blütenbildung ca. 10 °C).
Hinweis: Ausgefallenere Arten beispielsweise über Spezialgärtnereien (Internet) beziehen.

Usambaraveilchen
Saintpaulia ionantha

| ◐-◑ | 💧 | ↕ 5-20 | ✿ 1-12 | - |

Nostalgischer Dauerblüher in allen Farbvariationen außer gelb und orange.
Wuchs: Rosettenförmige Pflanze. Auch als Miniformen. Ovale, behaarte, dunkelgrüne Blätter.
Blüte: In Weiß, Rosa, Rot, Blau oder Violett; auch mehrfarbig, gekräuselt oder gefüllt. (Fast) ganzjährig Blüten.
Pflege: Hell bis halbschattig stellen, ohne direkte Sonne. Mäßig feucht halten. Kein Wasser auf die Blätter oder ins Herz gießen!

Hängender Steinbrech
Saxifraga stolonifera

| ◐-◑ | 💧 | ↕ 15-40 | ✿ - | - |

Grazile Pflanze. Besonders schön in Amphoren.
Wuchs: Niedrig. An dünnen Trieben bilden sich Jungpflanzen, die bis 40 cm nach unten hängen und eine »Schleppe« bilden (für Vermehrung).
Blätter: Kleine, rundliche, olivgrüne Blätter, unterseits rötlich. Auch buntlaubige Sorten mit Creme- und Rottönen.
Pflege: Standort hell bis halbschattig, ohne pralle Sonne. Im Sommer gern im Freien. Im Winter kühler. Buntblättrige Sorten hell und ganzjährig bei Zimmertemperatur.

4 Bauernorchidee
Schizanthus × wisetonensis

☼-◐ | ⌇ | ↕ 20-30 | ❀ 4-10 | -

Einjährige Pflanze, die einen Sommer lang mit üppigem Blütenflor erfreut.
Wuchs: Buschiger Wuchs.
Blüte: Orchideenähnliche Blüten in Rosa-, Rot- und Violetttönen.
Pflege: Pflegeleicht. Braucht viel Licht. Im Sommer im Zimmer luftig und nicht zu warm stellen oder geschützt im Freien. Gleichmäßig feucht halten. Ein Rückschnitt nach der Blüte fördert die Nachblüte.

5 Affenschaukel
Sedum morganianum

☼ | ⌇ | ↕ 20-90 | ❀ - | -

Schöne Sukkulente mit hängendem Wuchs für Ampeln oder hohe Amphoren.
Wuchs: Hängende Triebe.
Blätter: Kleine schuppenförmig überlappende, dickfleischige, grau bereifte Blätter.
Pflege: Viel Sonne und Licht und ein kühler Winterstandort sind wichtig für die Blattfärbung, den kompakten Wuchs und die Blütenbildung (Frühjahr). Mäßiger Wasserbedarf.
Hinweis: Vorsicht, die Blätter brechen leicht ab.

6 Zimmerlinde
Sparrmannia africana

☼-◐ | ⌇ | ↕ 50-300 | ❀ 1-3 | -

Üppiger Zimmerbaum mit ländlichem Flair.
Wuchs: Wächst als Strauch bzw. als kleiner Baum. Schöne weiße Blüten im Winter.
Blätter: Weiche, behaarte, hellgrüne, große Blätter ähnlich der Linde.
Pflege: Standort sehr hell, ohne pralle Sonne. Geschützt im Sommer im Freien. Im Winter kühler stellen. Bei sehr hellem Stand auch moderate Zimmertemperaturen im Winter möglich. Hoher Wasserbedarf. Verträgt auch kräftigen Rückschnitt, am besten im Frühjahr.

WOHNSTILE

Modernes Ambiente

Moderne Architektur ist geprägt durch große Fenster(fronten) und offene Strukturen. Diese lichterfüllten Räumlichkeiten eröffnen interessante Möglichkeiten, um auch Pflanzen mit höherem Platzbedarf bzw. Lichtansprüchen erfolgreich zu pflegen und zu integrieren.

Klare Formen und Strukturen, moderne Materialien und Funktionalität stehen bei diesem Wohnstil im Vordergrund. Hier eignen sich vor allem Blattpflanzen mit einem klaren Aufbau und möglichst »schnörkellosen« Blättern, z. B. die Ctenanthe. »Wilde« Wucherer sind hier ebenso deplatziert wie pittoreske Blätter. Besonders geeignet sind architektonisch wirkende Blattpflanzen wie das Zypergras oder die Kentiapalme, aber auch Sukkulenten mit ihrem skulpturalen Wuchs. Blütenpflanzen mit eleganten Blüten, wie Anthurien oder die Zimmerkalla bieten eine schöne und stimmige Ergänzung zu den Blattpflanzen.

Gerade bei diesem Wohnstil gilt: Weniger ist mehr. Vermeiden Sie Dschungel-Feeling oder einzelne kleine Pflanzen. An die Platzverhältnisse angepasste Pflanzen in prominenter Einzelstellung wirken hier meist am besten.

Moderner Wohnstil profitiert am meisten von wenigen, dafür aber gezielt eingesetzten Pflanzen. Perfekt passen welche mit architektonischem Wuchs (hier Zamioculcas).

Kolbenfaden
Aglaonema commutatum

○-◐ | ☞ | ↑ 30-50 | ✿ - | !

Dezente, zurückhaltende, interessante Blattfärbung für moderne Räumlichkeiten.
Wuchs: Buschig, verzweigter Stamm.
Blätter: Lanzettliche Blätter in verschiedenen Silbertönen bzw. silberfarbenen Mustern.
Pflege: Pflegeleicht. Ganzjährig bei Zimmertemperatur. Weiches, zimmerwarmes Wasser verwenden. Ist für höhere Luftfeuchtigkeit dankbar.

Sorten: 'Silver Queen' – fast ganz silbrig mit einzelnen grünen Flecken. 'Silver King' – silber mit grünen Blattadern.

Flamingoblume
Anthurium × scherzerianum, A. × andraeanum

○-◐ | ☞ | ↑ 30-60 | ✿ 1-12 | !

Ganzjährig dekorative, elegante Blütenstände in Pastelltönen bzw. in kräftigen Farben.
Wuchs: Kompakt wachsende Pflanzen mit herzförmigem (*A. × andraeanum*) bzw. lanzettförmigem (*A. × scherzerianum*) Laub.
Blüte: Rote Hochblätter; auch Sorten in Weiß, Gelb, Orange, Rosa und Grün. Bei optimalen Bedingungen fast ganzjährige Blüte möglich.
Pflege: Heller Standort (ohne pralle Sonne) und ganzjährig hohe Luftfeuchtigkeit erwünscht.

Kaffeestrauch
Coffea arabica

○ | ☞ | ↑ 30-200 | ✿ 5-8 | -

Eleganter Zimmerbaum bzw. -strauch mit glänzenden Blättern für modernes Ambiente.
Wuchs: Immergrüner Strauch. Weiße Blüten.
Früchte: Die roten Beeren (und die Blüten) erscheinen erst an größeren Pflanzen. Kaffeebohnen sind die gerösteten Samen dieser Beeren.
Pflege: Im Winter leicht unter Zimmertemperatur. Luftiger Standort, aber keine Zugluft. Höhere Luftfeuchtigkeit erwünscht. Mit kalkarmem Wasser gießen.

WOHNSTILE

Kolumnee
Columnea-Arten und -Hybriden

   30-80 3-6

Anspruchsvolle Hängepflanze mit dunkelgrünen Blättern und Blüten in intensiven Farben.
Wuchs: Hängend.
Blüte: Rachenförmige Blüten in kräftigen Rot- bzw. Orangetönen (je nach Art).
Pflege: Standort hell, ohne direkte Sonne. Wärme und hohe Luftfeuchtigkeit sind wichtig! Etwas kühlere Temperaturen für 4-6 Wochen zu Winteranfang sind günstig für die Blütenbildung. Weiches, temperiertes Wasser verwenden.

Ctenanthe
Ctenanthe-Arten

   60-100 -

Üppige Blattpflanze mit gefärbten Blättern für exponierte Einzelstellung.
Wuchs: Buschiger Wuchs.
Blätter: Silbrig-bunte Blätter, je nach Sorte in verschiedenen Ausfärbungen.
Pflege: Hell und luftfeucht stellen. Ganzjährig bei Zimmertemperatur. Zimmerwarmes, kalkarmes Wasser verwenden.

Art/Sorte: *C.* 'Greystar' – silbrig mit feinen grünen Blattadern. *C. burle-marxii* 'Amagris' – silbrig mit breiten grünen Blattadern.

Zypergras
Cyperus-Arten

   30-200 -

Gräser als außergewöhnliche Eyecatcher.
Wuchs: Aufrecht. Von kleinen Arten bis 30 cm Höhe für die Fensterbank bis hin zu zimmerhohen Gräsern für eine dekorative Einzelstellung.
Blätter: Blattquirle auf Stielen; dichte Horste.
Pflege: Im Sommer soll Wasser im Untersetzer stehen (Sumpfpflanzen), im Winter nur gut feucht halten. Kalkarmes Wasser verwenden. Höhere Luftfeuchtigkeit. Ältere Horste teilen.

Art: Papyrus *(C. papyrus)* – bis zwei Meter hoch.

4 Drachenbaum
Dracaena-Arten

◐-◑ | 🖐 | ↑ 40-200 | ✿ - | -

Architektonisch wirkende Pflanzen mit geringen Pflegeansprüchen.
Wuchs: Stämme mit üppigen Blattschöpfen, meist verholzt.
Blätter: Schmale oder breite lanzettliche Blätter je nach Art. Auch buntblättrige Arten und Sorten.
Pflege: Hell stellen, ohne pralle Sonne. Ganzjährig bei Zimmertemperatur. Keine Zugluft. Bunte Arten benötigen eine höhere Luftfeuchte und mehr Licht als grüne.

5 Kaktus-Wolfsmilch
Euphorbia ingens

☼ | 🖐 | ↑ 30-100 | ✿ - | !

Skulpturale Pflanze, die sehr groß werden kann.
Wuchs: Kein Kaktus! Wolfsmilchgewächs mit kaktusähnlichem, kandelaberartigem Stamm.
Blätter: Unscheinbar und klein.
Pflege: Ganzjährig bei Zimmertemperatur möglich. Trockene Luft. Mäßiger Wasserbedarf, v. a. im Winter. Durchlässige Erde, z. B. Kakteenerde.
Hinweis: Der Milchsaft, der bei Verletzungen austritt, enthält giftige Substanzen!

Art: *E. trigona* – ähnlich, mit dreikantigem Stamm.

6 Kentiapalme
Howea forsteriana

◐-◑ | 🖐 | ↑ 100-200 | ✿ - | -

Pflegeleichte Palme, die mit ihren eleganten Wedeln gut in moderne Wohnräume passt.
Wuchs: Dichter, gleichmäßiger Wuchs. Wächst relativ langsam.
Blätter: Elegante, bogig überhängende, dunkelgrüne Wedel.
Pflege: Robust. Am besten hell stellen, ohne pralle Sonne. Ganzjährige Zimmerkultur. Im Sommer gern auch geschützt im Freien. Höhere Luftfeuchtigkeit ist erwünscht. Gelegentlich in einen warmen Sommerregen stellen.

WOHNSTILE

Simse
Isolepis cernua

   10-25   - -

Dekoratives und filigranes Gras für die schattige Fensterbank.
Wuchs: In dichten Büscheln wachsende Blätter.
Blätter: Zunächst aufrecht wachsende, binsenartige Blätter, die später überhängen.
Pflege: Standort hell bis halbschattig, ohne direkte Sonne. Ganzjährig in mit Wasser gefüllten Untersetzer stellen. Zimmertemperatur. Höhere Luftfeuchtigkeit ist erwünscht. Ältere Horste teilen.

Zimmeresche
Radermachera sinica

   50-150 -  -

Fülliges Zimmerbäumchen, das mit seinen glänzenden Blättern eine Augenweide darstellt.
Wuchs: Buschiger Zimmerbaum.
Blätter: Zartgrüne gefiederte, glänzende Blätter, die an Eschenlaub erinnern.
Pflege: Ganzjährig bei Zimmertemperatur, im Winter gern etwas kühler. Luftig, aber ohne Zugluft. Zur besseren Verzweigung die Triebspitzen auskneifen.

Strahlenaralie
Schefflera arboricola, Sch. actinophylla

   40-150 - !

Dekorative, pflegeleichte Blattschmuckpflanze für modernes Wohnambiente.
Wuchs: Buschiger Zimmerbaum.
Blätter: Strahlenförmig angeordnete, glänzende Blätter. Auch panaschierte Sorten. *Sch. actinophylla* hat größere Blätter als *Sch. arboricola* und wächst breiter.
Pflege: Pflegeleicht. Gemäßigte Zimmertemperaturen, v.a. im Winter. Luftig, ohne Zugluft. Gelegentlich die Blätter abduschen oder abwischen.
Hinweis: Enthält giftige Substanzen.

Einblatt
Spathiphyllum wallisii

◐-● | 🫖 | ↕ 20-40 | ✿ 3-9 | !

Beliebte Pflanze wegen ihrer schönen Blätter und der fast ganzjährigen Blüten.
Wuchs: Buschig, aufrecht. Langgestielte, lanzettliche, frischgrüne, ungeteilte Blätter.
Blüte: Blütenstände mit gelbem Blütenkolben und weißem Hochblatt (Spatha); vergrünt mit der Zeit.
Pflege: Pflegeleicht. Standort hell, ohne direkte Sonne. Ganzjährig bei Zimmertemperatur. Luftfeucht. Mäßig, aber gleichmäßig feucht halten.

Sorte: 'Sensation' – mit sehr großen Blättern und Blüten.

Zamioculcas
Zamioculcas zamiifolia

◐-◐ | 🫖 | ↕ 20-60 | ✿ - | -

Architektonisch wirkende Pflanze, die so leicht nichts übel nimmt.
Wuchs: Buschig. Je höher das Lichtangebot, desto wüchsiger ist sie und umso heller werden die Blätter.
Blätter: Dicke, dunkelgrüne, glänzende, gefiederte Blätter (speichern Wasser).
Pflege: Pflegeleicht. Standort ohne pralle Sonne. Ganzjährig bei Zimmertemperaturen. Verträgt trockene Luft. Mäßiger Wasserbedarf.

Zimmerkalla
Zantedeschia aethiopica

☼-◐ | 🫖 | ↕ 30-50 | ✿ 1-5 | !

Edle Pflanze, die – vor allem zur Blütezeit – nach einem exponierten Platz verlangt.
Wuchs: Buschig. Sumpfpflanze mit dickem Rhizom und großen, pfeilförmigen Blättern.
Blüte: Eindrucksvolle, elegante Blütenstände in reinem Weiß. Auch als Schnittblumen.
Pflege: Anspruchsvoll. Im Sommer im Freien. Im Winter hell bei ca. 10 °C. Ab Januar zur Blütenbildung bei ca. 15 °C. Nach der Blüte acht Wochen Ruhezeit einhalten: warm, sonnig, fast trocken stellen; danach wieder mehr gießen.

WOHNSTILE

Für romantisches Flair

Gerade in einer Zeit, die von Hektik, Zweckmäßigkeit und Technikdominanz geprägt ist, tut es einfach einmal gut, seine Seele baumeln zu lassen und sich auf ruhige, schöne Bahnen zu begeben. In welcher Umgebung könnte das besser gelingen als in einem romantischen Ambiente?
Dabei muss romantisch weder süßlich noch kitschig bedeuten. Meist wird es als Gegensatz zur reinen Ratio, zur Vernunft, gebraucht. Es räumt den Gefühlen und dem individuellem Erleben einen hohen Stellenwert ein.
Der romantische Wohnstil erhebt nichts zu einem Dogma. Erlaubt ist, was positive Gefühle und Assoziationen auslöst.

Pflanzen, die zum romantischen Wohnstil passen sind Blütenpflanzen, weil sie die Fülle, Schönheit und Lebendigkeit der Natur ausdrücken und ins Haus bringen. Allen voran Rosen oder rosenähnliche Blüten, z. B. Gardenien oder gefüllt blühende Edel-Lieschen. Ferner Blattpflanzen mit einer natürlichen und heiteren Ausstrahlung wie die Zimmerzypresse, die Erinnerungen an »Urlaub im Süden« weckt. Für welche Pflanze(n) man sich im Endeffekt entscheidet ist eben eine Frage des persönlichen Geschmacks und der eigenen Präferenzen.

Topfrosen und gefüllt blühende Minibegonien in zarten Pastelltönen sind der Inbegriff der Romantik.

1 Schönmalve
Abutilon × hybridum

○ | ☞ | ↑ 50–250 | ✿ 3–11 | –

Sorgt mit seinen zarten Blüten und Blättern für ein romantisches Ambiente.
Wuchs: Strauchig; auch als Hochstamm erhältlich. Ahornähnliche, samtige Blätter.
Blüte: Zarte Blüten in Weiß, Rosa, Gelb, Orange, Rot, Violett und gefüllt blühend.
Pflege: Im Sommer luftig und sehr hell stellen, ohne pralle Sonne; gern im Freien. Im Winter deutlich kühler bis max. 15 °C und trockener halten.

2 Glockenblume
Campanula isophylla

○ | ☞ | ↑ 10–20 | ✿ 6–9 | –

Weiße oder blaue Blüten-Romantik für das Zimmer oder den Balkon.
Wuchs: Leicht überhängender Wuchs, deshalb schön in Ampeln und Schalen.
Blüte: Große, sternförmige Blüten in Blau oder in Weiß.
Pflege: Heller Standort, ohne pralle Sonne. Im Sommer im Freien. Im Winter kühl, bei max. 15 °C. Verträgt kalkhaltiges Gießwasser. Verblühte Triebe regelmäßig abschneiden.

3 Madagaskar-Immergrün
Catharanthus roseus

○-◐ | ☞ | ↑ 20–40 | ✿ 1–12 | !

Eine rosa blühende Zimmerpflanze, die nicht schon jeder kennt.
Wuchs: Ähnelt in Blatt und Blüte unserem heimischen Immergrün.
Blüte: Romantischer, üppiger Blütenflor in Rosa und in Rottönen; auch in Weiß, Orange, Violett.
Pflege: Den Sommer über gern am Balkon. Liebt luftfeuchte und nicht zu warme Standorte, im Winter max. bei 18 °C halten.
Hinweis: Meist nur einjährig gezogen. Enthält giftige Substanzen.

Zimmer-Zypresse
Cupressus macrocarpa

○ | ☞ | ↕ 30-200 | ✿ - | D

Auch Blattpflanzen können mit Duft und zartgrünen Blättern für Romantik sorgen.
Wuchs: Wächst ungeschnitten kegelförmig, ähnlich der Zypresse. Schnellwüchsig.
Blätter: Kleine Blättchen, die zerrieben intensiv nach Zitrone duften.
Pflege: Braucht viel Licht (aber keine pralle Sonne), verliert sonst kompakten Wuchs. Schnittverträglich.

Sorte: 'Golden Crest' – mit hellgrünen Blättern.

Gardenie
Gardenia jasminoides

○ | ☞ | ↕ 40-100 | ✿ 1-12 | D

Die Blütenpflanze, die an Schönheit und Duft kaum zu überbieten ist.
Wuchs: Kleiner Strauch mit schönen, glänzenden Blättern. Eine elegante Erscheinung.
Blüte: Intensiv nach Jasmin duftend, weiß; ähnlich einer Rosenblüte. Bei guter Pflege ganzjährig.
Pflege: Anspruchsvoll. Sehr heller Standort (ohne pralle Sonne), »warme Füße« und luftfeucht. Mit kalkfreiem Wasser gießen. Azaleenerde verwenden. Gleichmäßige Bedingungen.

Osterkaktus
Hatiora (Rhipsalidopsis) gaertneri

○-◐ | ☞ | ↕ 20-40 | ✿ 3-6 | -

Graziler und üppiger Frühjahrsblüher in vielen romantischen Farbtönen.
Wuchs: Ausladender Wuchs mit leicht überhängenden Trieben. Deshalb besonders schön in Ampeln und Schalen.
Blüte: An jedem Triebende sitzen mehrere Blüten. In Rosa-, Rot- und Violetttönen.
Pflege: Am besten heller Standort, ohne direkte Sonne. Für die Blüte ist es notwendig 6-8 Wochen lang eine Winterruhe bei 10-15 °C mit wenig Wasser einzuhalten.

Edel-Lieschen
Impatiens-Neuguinea-Hybride

◐-◑ | ⌇ | ↕ 20-40 | ✿ 5-9 | -

Wegen ihrer hübschen Blüten und ihrer Blütenfülle die ideale romantische Pflanze.
Wuchs: Strauchig. Schmale, dunkelgrüne Blätter.
Blüte: In Weiß, Orange, Rosa, Rot, Violett; auch gefüllt oder zweifarbig erhältlich.
Pflege: Standort hell bis halbschattig, ohne pralle Sonne. Im Sommer auch geschützt im Freien. Im Winter bei moderaten Zimmertemperaturen. Bei Wärme reichlich gießen.

Art: *I. walleriana*, das Fleißige Lieschen – ähnlich, etwas kleiner.

Topf-Rosen
Rosa-Arten und -Hybriden

☼-○ | ⌇ | ↕ 15-40 | ✿ 3-10 | -

Rosen-Romantik für das Zimmer und den Balkon.
Wuchs: Strauchiger Wuchs.
Blüte: In allen Farben erhältlich, z. B. in Weiß, Gelb, Orange, Rot, Rosa, Violett, Grün. Neuere Züchtungen auch mit großen Blüten.
Pflege: Sonniger Standort, im Zimmer ohne pralle Mittagssonne; luftig. Gleichmäßig feucht halten! Verblühtes regelmäßig entfernen. Geschützt auch auf dem Balkon.
Hinweis: Wird ganzjährig angeboten.

Weihnachtskaktus
Schlumbergera-Hybriden

◐-◑ | ⌇ | ↕ 20-40 | ✿ 11-1 | -

Üppige Blütenpracht für die farben- und blütenarme Jahreszeit.
Wuchs: Ausladend, leicht überhängend. Deshalb schön für Schalen, Ampeln und Amphoren.
Blüte: Reiche Blütenpracht in Weiß, Rosa, Rot, Gelb und Orange; auch zweifarbig.
Pflege: Heller Standort, ohne pralle Sonne. Ganzjährig bei Zimmertemperaturen. Mäßig gießen. Wichtig für den Blütenansatz: Nahezu trocken halten von September bis Oktober und etwas kühler stellen.

WOHNSTILE

Exotisches für Abenteuerlustige

Unter einem exotischen Wohnstil fasst man alles zusammen, was man als fremdländisch, hierzulande nicht gängig und außergewöhnlich wahrnimmt. Infolgedessen hat dieser Stil auf die Menschen einen besonderen Reiz, weil er Gefühle wie Sehnsucht und Fernweh weckt.

Nicht nur mit Einrichtungsgegenständen aus fernen Ländern und farbenfroher Farbgestaltung lässt sich ein exotisches Ambiente schaffen. Vollendet und erst richtig rund wird dieser Stil, wenn er mit den richtigen Pflanzen ergänzt wird. Dazu passen vor allem welche, die sich deutlich von unserer heimischen Flora unterscheiden, sei es, weil sie besonders kräftige »exotische« Farben, ungewöhnliche Formen oder sehr auffällige Blüten, die an tropische Regenwälder erinnern, haben.

Beachten Sie dabei, dass gerade solche Pflanzenpersönlichkeiten nicht in der Menge untergehen sollten, sondern Einzelstellung haben und mit ihrer Umgebung in Beziehung gesetzt werden sollten. Gerade bei diesem Stil wäre es eine schöne Möglichkeit, Farbkontraste zu einer Wand oder einem Möbelstück zu schaffen: Beispielsweise könnte ein Kroton mit gelb-roten Blättern vor eine blaue Wand oder auf ein blaues Regal gestellt werden.

Rattanmöbel, kombiniert mit Gräsern wie Papyrus, Zypergras, Zimmerbambus und Katzengras, zaubern mühelos ein exotisches Ambiente in Ihre Räume.

Kängurublume
Anigozanthos flavidus

☼-○ | 🫗 | ↑ 25-50 | ❀ 5-6 | -

Exotisch wirkende Schönheit aus Australien.
Wuchs: Grasartig, buschig mit steifen Blättern.
Blüte: Filzige Blüten in Rot-Gelb-Grün.
Pflege: Braucht ganzjährig ausreichend Licht (sonnig bis hell, ohne pralle Mittagssonne). Im Winter ist eine Ruhezeit bei 10-15 °C zur Blütenbildung nötig. Im Sommer geschützt im Freien, im Winter kühl und trockener. Weiches Wasser zum Gießen nehmen. Azaleenerde und Azaleendünger verwenden.

Fischschwanzpalme
Caryota mitis

○ | 🫗 | ↑ 100-300 | ❀ - | -

Ungewöhnliche Palme mit interessant geformten Blättern.
Wuchs: Buschig, mehrstämmig. Bis Zimmerhöhe.
Blätter: Palmenuntypische Blätter, die an einen Fischschwanz erinnern sollen.
Pflege: Sehr heller Standort, ohne pralle Sonne. Ganzjährig bei Zimmertemperatur. Für höhere Luftfeuchtigkeit, v.a. im Winter, sorgen. Kalkarmes Wasser verwenden. Hoher Wasserbedarf. Im Winter sparsamer gießen.

Kroton
Codiaeum variegatum

☼-○ | 🫗 | ↑ 30-200 | ❀ - | !

Prächtiger Strauch in variantenreichen, kräftigen Farbstellungen.
Wuchs: Strauchig. In ostasiatischer Heimat bis drei Meter, bei uns kleiner.
Blätter: Bunte Blätter mit gelber, oranger und roter Musterung.
Pflege: Sehr heller Standort, ohne pralle Mittagssonne (Blattfärbung!). Warm, auch bodenwarm und luftfeucht. Keine Temperaturschwankungen. Keine Zugluft. Im Winter etwas trockener halten.
Hinweis: Enthält giftige Substanzen.

Urnenpflanze
Dischidia vidalii (D. pectenoides)

 ↑ 25-100 -

Ausgefallene Pflanze für Liebhaber von Raritäten.
Wuchs: Rankt sich selbständig an Gittern hoch. Die Ranken können sehr lang werden.
Blätter: Blasenartige, innen hohle Blätter (»Urnen«), die der Pflanze als Wasserspeicher dienen.
Pflege: Standort ganzjährig sonnig bis sehr hell (ohne pralle Mittagssonne), warm und luftfeucht. Mit kalkarmem Wasser gießen. Mäßiger Wasserbedarf. Bromelienerde verwenden.
Hinweis: Die Pflanzen leben epiphytisch.

Bleistift-Euphorbie
Euphorbia tirucalli

  ↑ 25-200 !

Auffällige Blattsukkulente mit exotischem Touch.
Wuchs: Strauchig. Skulpturaler Wuchs. Kann bei optimalen Bedingungen recht groß werden (Stutzen ist möglich).
Blätter: Sukkulente Triebe mit kleinen, eher unscheinbaren Blättchen.
Pflege: Liebt es warm und sonnig. Im Winter gerne etwas kühler und dann trockener halten. Bei Bedarf mit Bambusstäben stützen.
Hinweis: Enthält giftige Substanzen.

Opuntie, Feigenkaktus
Opuntia-Arten

  ↑ 25-100 - !

Dekorativer Kaktus mit Wüsten-Flair.
Wuchs: Strauchig oder bäumchenförmig.
Blätter: Typisch sind scheibenförmige, abgeflachte oder auch zylindrische Triebe. Areolen mit Dornen und/oder mit Glochiden (Borsten mit Widerhaken).
Pflege: Im Sommer gern auch im Freien. Im Winter deutlich kühler. Je nach Art und Winterschutz auch frosthart.

Arten: *O. microdasys* – mit schönen goldgelben Areolen.
O. ficus-indica – mit essbaren Kaktusfeigen.

EXOTISCH_ 94|95

4 Passionsblume
Passiflora caerulea

 ☼-○   ⌂   ↑ 50-150   ✿ 6-9   !

Sommerliche, exotisch wirkende Blütenpracht.
Wuchs: Kletterstrauch (benötigt Rankhilfe), der mehrere Meter hoch werden kann.
Blüte: Weiß-blaue, aufwändig und filigran gestaltete, große Blüten.
Pflege: Im Sommer sonnig, warm und luftig (auch geschützt im Freien) stellen. Im Winter kühl (bei ca. 10 °C), hell, luftig und trockener. Rückschnitt im zeitigen Frühjahr.

Arten: Viele Arten und Sorten. *P. caerulea* ist die robusteste.

5 Zimmerbambus
Pogonatherum paniceum

   ☼-○   ⌂   ↑ 25-40   ✿ -   -

Asien-Flair für die Fensterbank.
Wuchs: Buschig dicht.
Blätter: Bambusähnliche Blätter. Zimmerbambus ist kein echter Bambus, sondern eine Süßgrasart.
Pflege: Standort sonnig bis hell, ohne pralle Sonne. Ganzjährig bei Zimmertemperatur und höherer Luftfeuchtigkeit. Im Sommer geschützt im Freien. Im Winter gern etwas kühler. Reichlich wässern, nicht Austrocknen lassen!

6 Tillandsie
Tillandisa cyanea

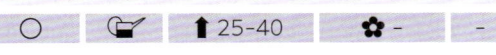   ○   ⌂   ↑ 25-40   ✿ -   -

Exotischer, pink- bis magentafarbiger Blütenstand mit blauen Blüten.
Wuchs: Rosettenartig. Die Pflanze wächst in ihrer Heimat epiphytisch auf Bäumen.
Blätter: Grüne, steife, grasähnliche, in Rosetten angeordnete Blätter.
Pflege: Standort ganzjährig hell, warm und luftfeucht. Die Erde leicht feucht halten. Täglich nebeln. Epiphytensubstrat verwenden.
Hinweis: Pflanze stirbt nach der Blüte ab. Vorher Vermehrung über Kindel.

Lebhaftes Grün für sonnige Räume

Sonnige Fenster, z. B. nach Süden ausgerichtet, bringen sehr viel Helligkeit (und Wärme) in einen Raum. Sofern Sie über eine Schattierungsmöglichkeit verfügen, um im Sommer pralle Mittagssonne abzuhalten, brauchen Sie aber auch hier nicht auf schöne Blatt- und Blütenpflanzen zu verzichten. Ganz im Gegenteil: Kakteen und Sukkulenten brauchen direkte Sonne, um ihren typischen Wuchs und ihre volle Schönheit zu entfalten. Blütenpflanzen, die aus südlicheren Gefilden stammen, wie der Hibiskus, sind durchaus sonnenverträglich und danken es mit fast ganzjähriger Blütenpracht. Und viele Blattpflanzen bilden ihre typische Blattzeichnung, Blattfärbung und ihren kompakten Wuchs nur bei ausreichender Lichtintensität aus. Gerade die moderne Architektur mit licht- und sonnenverwöhnten Räumen bietet viele Möglichkeiten auch Pflanzen mit größerem Platzbedarf prominent in Szene zu setzen.

Haben Sie Ihre Pflanzen im Auge! Die Bedingungen im Freien sind andere als hinter der Fensterscheibe. Hinter Glas ist es deutlich wärmer und es findet keine kühlende Luftbewegung statt. Deshalb ist es hier besonders wichtig für genügend Luftaustausch, aber keine Zugluft, zu sorgen.

Moderne, großzügige Wohnräume mit bodentiefen Fenstern benötigen als Ausgleich große imposante Pflanzen wie diese schön gewachsene Geigenfeige.

Wüstenrose
Adenium obesum

☀ 🖐/🖐 ↑ 30-80 ❀ 4-9 !

Bezaubernde Pflanze für sonnige Standorte.
Wuchs: Baumartig. Entweder gepfropft auf Oleander oder wurzelecht.
Blüte: Schöne Blüten in Weiß, Rosa und Rot. Blüte im Frühjahr und evtl. nochmal im Spätsommer.
Pflege: Standort warm und sonnig. Im Winter gern kühler. Gepfropfte Pflanzen gleichmäßig feucht halten, wurzelechte vor dem Gießen oberflächlich abtrocknen lassen. Bei wurzelechten Pflanzen Kakteenerde und -dünger verwenden. Umtopfen nach erster Blühphase.

Elefantenfuß
Beaucarnea recurvata

☀-○ 🖐 ↑ 25-150 ❀ - -

Imposanter, pflegeleichter Zimmerbaum mit einer besonderen Ausstrahlung.
Wuchs: Skulptural wirkende Pflanze mit knollenförmig verdicktem Fuß und holzigem Stamm.
Blätter: Elegant gebogene Blätter.
Pflege: Im Sommer gern im Freien. Bei sehr hellem Standort auch im Winter bei Zimmertemperatur, sonst kühler.
Hinweis: Wächst langsam. Ungeduldige sollten sich schon eine große Pflanze kaufen.

Zimmerhafer
Billbergia nutans

○ 🖐 ↑ 40-60 ❀ 10-12 -

Pflegeleichtes und üppiges Bromeliengewächs mit schönen Blüten. Hoher Platzbedarf.
Wuchs: Rosettenförmig. Durch Kindelbildung (Vermehrung!) entsteht eine üppige Pflanzengruppe. Herunterhängende Blüten mit roten Hochblättern im Winter.
Blätter: Schmal, ledrig, bogig überhängend.
Pflege: Im Sommer auch Wasser in den Trichter gießen. Weiches, zimmerwarmes Wasser. Im Winter weniger gießen. Gelegentlich besprühen.

WOHNRÄUME

Drachenbaum
Dracaena-Arten

◐-◑ | ☞ | ↑ 40-200 | ✿ - | -

Beliebter und pflegeleichter Zimmerbaum für moderne Räumlichkeiten.
Wuchs: Stämme mit Blattschöpfen, oft verholzt.
Blätter: Schmale oder breite lanzettliche Blätter je nach Art. Auch buntblättrige Arten und Sorten.
Pflege: Hell stellen, ohne pralle Sonne. Ganzjährig bei Zimmertemperatur. Keine Zugluft. Bunte Arten benötigen eine höhere Luftfeuchte und mehr Licht als grüne.

Arten: *D. marginata* – schmale Blätter und dünner Stamm im Gegensatz zu *D. fragrans* – breite Blätter und kräftiger Stamm.

Bleistift-Euphorbie
Euphorbia tirucalli

☀-◯ | ☞ | ↑ 25-200 | ✿ - | !

Skulpturale, ungewöhnliche Pflanze für ein exotisches bzw. ausgefallenes Ambiente.
Wuchs: Strauchig. Skulpturaler Wuchs. Kann bei optimalen Bedingungen recht groß werden (Stutzen ist möglich).
Blätter: Sukkulente Triebe mit kleinen, eher unscheinbaren Blättchen.
Pflege: Liebt es warm und sonnig. Im Winter gerne etwas kühler und dann trockener halten. Bei Bedarf mit Bambusstäben stützen.

Geigenfeige
Ficus lyrata

◯ | ☞ | ↑ 50-250 | ✿ - | -

Imposanter Zimmerbaum für Einzelstellung.
Wuchs: Buschig. Rechtzeitiges Kappen des Haupttriebes fördert schöne Verzweigung.
Blätter: Sehr große, gelappte Blätter, die in der Form an Geigen erinnern.
Pflege: Braucht viel Licht, keine pralle Sonne. Ganzjährig bei Zimmertemperatur, im Winter gern etwas kühler. Höhere Luftfeuchtigkeit erwünscht. Mäßiger Wasserbedarf. Blätter gelegentlich feucht abwischen.

4 Lorbeerfeige
Ficus microcarpa

○   ☞   ↑ 40–200   ✿ –   –

Relativ pflegeleichter »Miniaturbaum«.
Wuchs: Bonsaiähnlich bzw. baumartig. Verdickter oder spiralig gedrehter Stamm.
Blätter: Lorbeerähnliche, kräftig grüne Blätter.
Pflege: Braucht viel Licht, keine pralle Sonne. Ganzjährig bei Zimmertemperatur, im Winter gern etwas kühler. Höhere Luftfeuchtigkeit erwünscht. Mäßiger Wasserbedarf. Pflanzen verlieren den typischen Wuchs ohne Rückschnitt.

Sorte: 'Bonsai' – sieht aus wie ein Miniaturbaum; verdickte Stammbasis ähnlich einer Ginseng-Wurzel.

5 Livistonie
Livistona australis

☀–○   ☞   ↑ 50–300   ✿ –   !

Interessante Palme mit ausladendem Wuchs.
Wuchs: Buschig. Bis Zimmerhöhe. Wüchsig, bei günstigen Bedingungen. Bedornte Triebe!
Blätter: Fächerförmige, glänzende, tief geschlitzte Blätter mit nach unten gebogenen Wedeln.
Pflege: Sonnig bis hell, ohne pralle Mittagssonne. Ganzjährig bei Zimmertemperatur. Im Winter auch etwas kühler möglich. Mäßiger Wasserbedarf. Verträgt auch trockenere Zimmerluft.

Art: *L. rotundifolia* – ähnlich, mit kleineren Blättern.

6 Strahlenaralie
Schefflera arboricola, Sch. actinophylla

○   ☞   ↑ 40–150   ✿ –   !

Pflegeleichte Blattschmuckpflanze mit dekorativen, glänzenden Blättern.
Wuchs: Buschiger Zimmerbaum.
Blätter: Strahlenförmig angeordnete, glänzende Blätter. Auch panaschierte Sorten. *Sch. actinophylla* hat größere Blätter als *Sch. arboricola* und wächst breiter.
Pflege: Pflegeleicht. Gemäßigte Zimmertemperaturen, v. a. im Winter. Luftig, ohne Zugluft. Gelegentlich die Blätter abduschen oder abwischen.

WOHNRÄUME

Pflanzen für helle Wohnzimmer

Helle Wohnzimmer, die nur wenige Stunden Sonne pro Tag abgekommen, z. B. Ost-, Westfenster oder durch Bäume beschattete Fenster nach Süden, bieten ideale Bedingungen für viele Zimmerpflanzen. Die meisten Pflanzen mögen es zwar hell, vertragen aber keine pralle (Mittags-)Sonne. Bedenken Sie aber, dass die Lichtintensität mit zunehmender Entfernung vom Fenster stark abnimmt, vor allem, wenn das Fenster auch noch durch Gardinen verdeckt ist. Besonders im Winter leiden Pflanzen leicht an Lichtmangel. Versuchen Sie die Pflanzen näher zum Fenster zu schieben oder gegebenenfalls in einem helleren Raum zu überwintern. Überlegen Sie auch, ob es nicht ansprechender wäre, Gardinen durch Schals zu ersetzen und den Sichtschutz bzw. die schöne Aussicht durch dekorative Pflanzen zu erreichen. Wohnzimmer wirken erst durch Zimmerpflanzen wirklich lebendig. Ein paar hübsche, ausgewählte Arrangements am Fensterbrett bzw. ein der Raumgröße angepasstes Exemplar in Fensternähe geben jedem Raum eine besondere Note.

Drachenbaum, Fensterblatt und Flamingoblume, hübsch arrangiert in Korbübertöpfen, bilden ein harmonisches Ensemble für helle, absonnige Standorte.

1 Goldfruchtpalme
Chrysalidocarpus lutescens

○ | ☞ | ↑ 100–250 | ✿ – | –

Üppig wachsende Zimmerpalme für Einzelstand.
Wuchs: Buschig, mehrstämmig. Bis Zimmerhöhe. Dünne, dicht wachsende Blattstiele.
Blätter: Palmentypische Wedel in sattem Grün.
Pflege: Ganzjährig bei Zimmertemperatur. Im Sommer gern auch draußen. Höhere Luftfeuchtigkeit erwünscht. Hoher Wasserbedarf.
Hinweis: Ähnlich, aber mit dickeren Stängeln, ist *Howea forsteriana*.

2 Känguruwein
Cissus antarctica

○ | ☞ | ↑ 40–200 | ✿ – | –

Schnellwüchsige Rankpflanze, ideal als Raumteiler.
Wuchs: Starkwüchsiger Klimmer, der schnell Gitter beranken kann.
Blätter: Eiförmige, gezähnte Blätter.
Pflege: Standort sehr hell, ohne pralle Sonne. Ganzjährig Zimmertemperatur. Gleichmäßig, leicht feucht halten. Im Winter etwas trockener. Höhere Luftfeuchtigkeit erwünscht. Rückschnitt (im Frühjahr) und Auskneifen der Triebspitzen führt zu besserer Verzweigung.

3 Fensterblatt
Monstera deliciosa

○–◐ | ☞ | ↑ 50–200 | ✿ – | !

Imposante Blattpflanze mit großen, dekorativen Blättern. Am besten in Einzelstellung.
Wuchs: Kletternde Pflanze mit ausladendem Wuchs. An einer stabilen Stütze aufbinden.
Blätter: Vor allem ältere Blätter zeigen die typischen Einschnitte und Löcher und können sehr groß werden.
Pflege: Ist für gelegentliches Sprühen dankbar. Blätter ab und an feucht abwischen. Die Luftwurzeln nicht abschneiden!
Hinweis: Enthält giftige Substanzen.

WOHNRÄUME

Pachira, Glückskastanie
Pachira aquatica

○ | 🖐 | ↑ 50-150 | ✿ - | -

Nettes Zimmerbäumchen, das auch an einer breiteren Fensterbank schön aussieht.
Wuchs: Kleinerer Zimmerbaum. Der geflochtene Stamm kann mit zunehmendem Dickenwachstum Probleme bereiten.
Blätter: Ähnlich Kastanienblättern, dunkelgrün, handförmig geteilt.
Pflege: Standort sehr hell, aber ohne pralle Sonne. Im Sommer gern geschützt im Freien. Mäßig gießen.

Schraubenbaum
Pandanus veitchii (P. tectorus)

○ | 🖐 | ↑ 30-150 | ✿ - | !

Dekorative Blattpflanze für Einzelstand.
Wuchs: Quirlig angeordnete, schraubenartig um die Achse gedrehte Blätter. Bildet im Alter kleinen Stamm, dann auch hoher Platzbedarf in der Breite.
Blätter: Ledrige, am Rand gezähnte Blätter bis 60 cm Länge. Meist Sorten mit panaschierten Blättern im Handel.
Pflege: Ganzjährig bei Zimmertemperaturen. Gleichmäßig leicht feucht halten. Höhere Luftfeuchtigkeit erwünscht.

Schmetterlings-Orchidee
Phalaenopsis-Hybriden

○-◐ | 🖐 | ↑ 15-100 | ✿ 1-12 | -

Die Phalaenopsis ist mit ihren eleganten Blüten eine Bereicherung für jede Fensterbank.
Wuchs: Große, breite, ledrige, dunkelgrüne Blätter. Auch Miniformen sind im Handel.
Blüte: Hoch aufragende Blütenstände erreichen teilweise eine Höhe bis ein Meter.
Pflege: Pflegeleicht. Ganzjährige Zimmerkultur. Frische Luft. Höhere Luftfeuchtigkeit. Mäßig gießen, aber nicht austrocknen lassen. Eine deutliche Absenkung der nächtlichen Temperatur (bis 16 °C) für mehrere Wochen fördert Blütenbildung.

4 Rotblättriger Philodendron
Philodendron erubescens

  ↑ 50–200 -   -

Kletternder Philodendron, gut geeignet für das Wachsen an Moosstäben u. Ä.
Wuchs: Kletternd, mit Rankhilfe.
Blätter: Pfeilförmige, an der Unterseite rötliche Blätter. Auch ganz rotblättrige Sorten wie 'Red Emerald' im Handel.
Pflege: Pflegeleicht. Höhere Luftfeuchtigkeit erwünscht. Ganzjährig bei Zimmertemperatur, im Winter gern kühler. Mäßig feucht halten. Blätter gelegentlich feucht abwischen.

5 Kletternder Philodendron
Philodendron scandens

  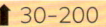 -   -

Kleinblättriger Philodendron als schöne Hängepflanze z. B. für Ampeln.
Wuchs: Hängend oder kletternd mit entsprechender Rankhilfe wie Moosstab.
Blätter: Kleinere herzförmige, dunkelgrüne Blätter.
Pflege: Pflegeleicht. Höhere Luftfeuchtigkeit erwünscht. Ganzjährig bei Zimmertemperatur, im Winter gern kühler. Mäßig feucht halten.

6 Kastanienwein
Tetrastigma voinieranum

  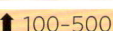 -   -

Schnellwüchsiger Ranker für großflächige Wandbegrünung oder als Raumteiler.
Wuchs: Selbstklimmend. Benötigt wegen der Größe eine stabile Stütze.
Blätter: Große, drei- bis fünflappige Blätter.
Pflege: Gleichmäßige, leichte Bodenfeuchte. Ganzjährig bei Zimmertemperatur. Verträgt trockene Zimmerluft. Regelmäßiger Rückschnitt fördert einen kompakten Wuchs und wirkt gegen Verkahlung von unten. Ein kräftiger Rückschnitt ist möglich.

WOHNRÄUME

Schlafzimmer zum Wohlfühlen

Wie Dielen und Bäder werden Schlafzimmer in der Raumgestaltung manchmal vernachlässigt. Sie werden eben nur temporär genutzt und daher liegt das Hauptaugenmerk der Bewohner meist auf den ständig und intensiv genutzten Räumen, wie dem Wohnzimmer. Oder wird das Schlafzimmer deshalb »nur« zum Schlafen genutzt, weil es sonst zu ungemütlich wäre? Gerade das Schlafzimmer bietet die Möglichkeit eines Rückzugsortes, den man auch tagsüber aufsuchen kann, wenn man eine kleine Ecke dafür einrichtet und diese noch mit Pflanzen gestaltet.

Wie Diele und Treppenhaus bietet das Schlafzimmer wegen seinen meist ganzjährig moderaten Temperaturen die Möglichkeit, sich an Zimmerpflanzen zu erfreuen, die im ständig geheizten Wohnzimmer nur kümmern würden. Auch im Schlafzimmer ist weniger mehr. Beschränken Sie sich auf wenige Exemplare und arrangieren Sie diese mit ihren Lieblings-Accessoires. Gerade dafür finden sich besonders edle und schöne Arten wie die Kamelie und die Zimmerazalee. Und mit einer schönen Begrünung gewinnt das Schlafzimmer auch als Rückzugsort zusätzlich an Attraktivität.

Dieses bezaubernde, aber schlichte Farn-Ensemble bringt Leben und Behaglichkeit in das sonst zurückhaltend eingerichtete Schlafzimmer.

1 Zimmertanne
Araucaria heterophylla

○ | ☞ | ↑ 30-250 | ✿ - | -

Edle, ungewöhnliche Pflanze für kühle Räume.
Wuchs: Sieht aus wie eine Tanne.
Blätter: Nadelförmige Blätter an waagrecht stehenden Zweigen.
Pflege: Die Zimmertanne braucht viel Licht (ohne pralle Sonne) und ganzjährig kühle Räume. Im Winter ideal bei 5-10 °C und etwas trockener halten. Trockene, warme Heizungsluft wird nicht vertragen.
Hinweis: Bei optimalem Standort waagrecht stehende Zweige und kompakter Wuchs.

2 Kamelie
Camellia japonica

○ | ☞ | ↑ 50-150 | ✿ 1-4 | -

Sehr edle Blütenpflanze für kühle Standorte.
Wuchs: Strauch. Ledrige, glänzende, dunkelgrüne Blätter. Auch ohne Blüten attraktiv.
Blüte: Elegante Blüten in Rosa, Rot oder Weiß; auch mehrfarbig, einfach oder gefüllt.
Pflege: Anspruchsvoll. Im Sommer im Freien. Im Winter bis 10 °C, zur Blüte bis 15 °C (bessere Haltbarkeit der Blüten!). Möglichst gleichmäßige Bedingungen. Kalkarmes Wasser, Azaleendünger und -erde verwenden. Mäßiger Nährstoffbedarf.

3 Segge
Carex brunnea

○-◐ | ☞ | ↑ 20-40 | ✿ - | -

Schönes Zimmergras für kühle Räume.
Wuchs: Grasartig, leicht überhängend.
Blätter: Schmale Blätter, wie Grashalme. Grün oder gelb gestreift.
Pflege: Standort luftig frisch, ohne Zugluft. Im Winter kühl bei ca. 10 °C. Gleichmäßig feucht halten, verträgt weder Ballentrockenheit noch Staunässe.

Sorte: 'Variegata' - mit gelb gestreiften Blättern, gut für Zimmerkultur geeignet.

WOHNRÄUME

Bergpalme
Chamaedorea elegans

◐-◑ | ☞ | ↕ 25-100 | ✿ - | -

Pflegeleichte Palme mit mäßigem Platzbedarf für kühlen Winterstandort.
Wuchs: Buschig aufrecht wachsende, kleiner bleibende Palme.
Blätter: Typische hellgrüne Palmenwedel.
Pflege: Hell stellen, auch halbschattig (wächst dann langsamer). Zimmertemperatur. Im Sommer auch im Freien. Im Winter gern etwas kühler. Höhere Luftfeuchtigkeit erwünscht. Mäßiger Wasserbedarf. Kalkarm gießen.

Osterkaktus
Hatiora (Rhipsalidopsis) gaertneri

◐-◑ | ☞ | ↕ 20-40 | ✿ 3-6 | -

Grazile, üppige Blütenpracht in romantischen Farbstellungen.
Wuchs: Ausladender Wuchs mit leicht überhängenden Trieben. Deshalb besonders schön in Ampeln und Schalen.
Blüte: An jedem Triebende sitzen mehrere Blüten. In Rosa-, Rot- und Violetttönen.
Pflege: Am besten heller Standort, ohne direkte Sonne. Für die Blüte nötig: 6-8 Wochen Winterruhe bei 10-15 °C mit wenig Wasser.

Braut-Myrte
Myrtus communis

☀ | ☞ | ↕ 25-200 | ✿ 6-8 | D

Romantische, zierlich wirkende Pflanze für Landhausstimmung.
Wuchs: Grazile Sträucher, auch als Hochstamm.
Blätter: Blätter duften beim Zerreiben würzig.
Pflege: Sonnigen Standort wählen. Viel frische Luft. Kühl überwintern bei max. 10 °C, mäßiger Wasserbedarf. Kalkfreies Wasser verwenden. Schnittverträglich; Formschnitt geht auf Kosten der kleinen, weißen Blüten im Sommer.
Hinweis: Kübelpflanze, die bis 1,5 m hoch werden kann. Im Sommer auf Balkon und Terrasse.

4 Philodendron
Philodendron bipinnatidium (Ph. selloum)

  ↑ 50-140 -

Großer Philodendron für Einzelstand, der es im Winter auch gern kühler mag.
Wuchs: Wächst buschig und eher breit, nicht kletternd. Bildet im Alter einen kurzen Stamm.
Blätter: Tief eingebuchtet, fast fiederblättrig (nicht ganz bis zur Mittelrippe).
Pflege: Pflegeleicht. Ganzjährig bei Zimmertemperatur. Im Winter gern kühler. Höhere Luftfeuchtigkeit erwünscht. Mäßig feucht halten. Blätter gelegentlich feucht abwischen.

5 Sichelfarn
Polystichum falcatum

  ↑ 30-70   -

Eleganter Farn für kühle Standorte.
Wuchs: Rosettiger Wuchs.
Blätter: Farnwedel mit glänzenden, ledrigen Fiederblättern.
Pflege: Liebt es eher kühler, v. a. im Winter nicht in (stark) geheizte Räume stellen. Im Sommer gern geschützt auf Balkon und Terrasse. Mäßiger Wasserbedarf. Kalkarmes, temperiertes Wasser zum Gießen verwenden.
Hinweis: Auch als Schnittgrün geeignet.

6 Zimmerazalee
Rhododendron simsii

  ↑ 25-60 10-5 -

Eleganter, romantischer Winter- und Frühjahrsblüher für kühle Räume.
Wuchs: Strauchiger Wuchs.
Blüte: In Weiß, Rosa, Rot, Gelb, Orange und Violett, auch mehrfarbig; einfach oder gefüllt. Blütezeit ist abhängig von der Sorte.
Pflege: Am besten hell stellen, ohne pralle Sonne. Luft: frisch, feucht und kühl. Im Winter bei max. 15 °C, im Sommer im Freien. Kalkfreies Gießwasser verwenden. Azaleenerde und Azaleendünger verwenden.

WOHNRÄUME

Fröhliches Kinderzimmer

Auch für Kinder stellen Zimmerpflanzen eine wertvolle Bereicherung dar. Das Beobachten von Wachsen und Gedeihen und die Zimmerpflanzenpflege werden von Kindern gern wahrgenommen, wenn einige Grundregeln beachtet werden. Selbstverständlich dürfen Pflanzen, die in Kinderzimmern aufgestellt werden, keine giftigen Substanzen enthalten. Auch Gewächse mit Stacheln, Dornen oder spitzen, harten Blättern sollten Sie wegen der Verletzungsgefahr vermeiden. Überladen Sie Kinderzimmer auch nicht mit Pflanzen: Es gilt der Grundsatz, dass wenige, aber gezielt ausgewählte Pflanzen besser sind als ein Dschungel. Die Auswahl enthält einige größer werdende Pflanzen, falls mehr Platz zur Verfügung steht, aber auch Arten für das kleinere Fensterbrett, z. B. Henne mit Küken. Hübsche Hängepflanzen, farbenprächtige Blüten, interessante Vermehrungsarten bzw. Pflanzen mit hübsch gemusterten Blättern, bereichern jedes Kinderzimmer. Manche eignen sich auch für besondere Ideen, z. B. Bubiköpfchen als Haarwuschel in witzigen Gefäßen. Alle ausgewählten Arten sind pflegeleicht und nehmen nicht jeden Pflegefehler gleich krumm, sodass man auch schon kleinere Kinder unter Anleitung mit der Pflege betrauen kann.

Ein Kinderzimmer in blauen und weißen Tönen profitiert vom Grün der Zimmerpflanzen und macht es wohnlicher.

1 Leuchterblume
Ceropegia linearis subsp. *woodii*

  ↑ 30-100 - —

Grazile, anspruchslose Ampelpflanze für ganzjährige Zimmerkultur.
Wuchs: Lange, dünne Triebe.
Blätter: Kleine, silberfarbige Blätter mit wenig grünen Stellen; unterseits rötlich.
Pflege: Pflegeleicht. Standort sonnig bis sehr hell. Ganzjährige Zimmerkultur, im Winter gern etwas kühler. Unempfindlich gegen trockene Zimmerluft. Rückschnitt ist möglich.

Art: *C. sandersonii* – ähnlich, aber anspruchsvoller.

2 Blattkaktus
Epiphyllum-Hybriden

○      ↑ 20-30   1-12   D

Farbenfrohe und üppige Blüten.
Wuchs: Hängend. Als Epiphyten am besten in flachen Gefäßen wie Schalen und Ampeln. Flache eingekerbte Blatttriebe ca. 5 cm breit.
Blüte: In den Blattkerben bilden sich eindrucksvolle Blüten. Die Blütezeit ist abhängig von der Art, auch ganzjährig. Manche Blüten duften.
Pflege: Pflegeleicht. Im Sommer warm und luftfeucht stellen. Im Winter kühler und trockener. Höherer Wasserbedarf als andere Kakteen.

3 Efeutute
Epipremnum aureum

   ↑ 50-200 - —

Unkomplizierte und freundliche Kletterpflanze, für viele Standorte geeignet.
Wuchs: Kletternd bzw. hängend.
Blätter: Goldgelb gefleckte Blätter. Je lichtärmer der Standort desto mehr vergrünen die Blätter.
Pflege: Pflegeleicht. Keine direkte Sonne. Ganzjährig bei Zimmertemperatur, im Winter etwas kühler möglich. Mäßig gießen. Temperiertes, kalkarmes Wasser verwenden.

Sorte: 'Neon' – mit gelben Blättern.

WOHNRÄUME

Brutblatt
Kalanchoe pinnata, K. daigremontiana

   25-60

Pflegeleichte Pflanze mit einer besonders interessanten Vermehrungsart.
Wuchs: Buschig. Wuchshöhe je nach Art.
Blätter: Am Blattrand bilden sich Jungpflanzen (z. T. schon mit Wurzeln), diese fallen auf die Erde und bilden neue Pflanzen.
Pflege: Standort sonnig (auch Südseite) bis hell. Im Sommer gern geschützt im Freien. Mäßiger Wasserbedarf. Im Winter trockener halten. Durchlässige Erde verwenden.

Pellefarn
Pellaea rotundifolia

   15-30

Hübscher Farn mit wenig Platzbedarf.
Wuchs: Niedrig bleibender Farn. Deshalb gut geeignet für Schalen.
Blätter: Wedel mit kleinen, runden, glänzenden Fiederblättchen.
Pflege: Standort hell, ohne pralle Sonne. Ganzjährig bei Zimmertemperatur. Gleichmäßig feucht halten. Im Winter gern etwas kühler, dann trockener halten.

Art: *P. viridis* – größer und mit glänzend schwarzen Stängeln.

Philodendron
Philodendron 'Xanadu'

   30-100

Schöner, kompakt wachsender Philodendron.
Wuchs: Buschiger, nicht kletternder Philodendron. Wächst kompakter als *Ph. bipinnatifidum*.
Blätter: Gebuchtete Blätter auf langen Stielen, kleiner als bei *Ph. bipinnatifidum*.
Pflege: Pflegeleicht. Standort hell, ohne pralle Sonne. Ganzjährig bei Zimmertemperatur. Mäßig feucht halten. Höhere Luftfeuchtigkeit erwünscht. Blätter gelegentlich feucht abwischen.

4 Bubiköpfchen
Soleirolia soleirolii

  ↑ 5–15 –

Kuschelige Pflanze, besonders geeignet für witzige Ideen (Haarschmuck von Büsten etc.).
Wuchs: Polsterartig, kleine »Kugeln« (Name!).
Blätter: Kleine zarte Blättchen. Auch mit grüngelben bzw. silbrig-grünen Blättern.
Pflege: Ganzjährig bei Zimmertemperatur. Im Winter gern kühler. Wenn es im Winter warm steht, auf jeden Fall sehr hell stellen! Gleichmäßig feucht halten, nicht von oben über die Pflanze gießen!

5 Henne mit Küken
Tolmiea menziesii

  ↑ 20–30   –

Pflegeleicht, mit interessanter Vermehrungsart.
Wuchs: Kleine Pflanze, die eher in die Breite wächst; deshalb gut für Ampeln und Schalen.
Blätter: Meist hellgrün bzw. cremefarbig panaschiert. Auf den älteren Blättern bilden sich kleine Tochterpflanzen (»Küken«).
Pflege: Am besten heller Standort, ohne volle Sonne. Gern Nordseitenfenster. Gedeiht besser an kühleren Standorten (z. B. im Treppenhaus).
Hinweis: Leichte Vermehrung durch »Küken«.

6 Tradeskantie
Tradescantia fluminensis

  ↑ 20–50   –

Kinderleicht zu kultivierende Hängepflanze.
Wuchs: Hängepflanze für Ampeln.
Blätter: Spitz-ovale Blätter bis 5 cm Länge. Blattunterseite purpurrot gefärbt.
Pflege: Pflegeleicht. Ganzjährig bei Zimmertemperatur. Gleichmäßig leicht feucht halten. Höhere Luftfeuchtigkeit erwünscht. Ausreichend Licht und Auskneifen der Triebspitzen sorgen für kompakten Wuchs. Am besten alle zwei Jahre aus Stecklingen neu ziehen (Vermehrung im Wasserglas).

Badezimmer als Wellness-Oase

In den letzten Jahren hat das Badezimmer zunehmend an Bedeutung gewonnen. Früher lediglich ein Ort der täglichen Reinigung, ist es mittlerweile tatsächlich zu einem Raum geworden, der körperlichen und seelischen Bedürfnissen gleichermaßen Rechnung trägt – bis hin zu einer Wellness-Oase. Aus engen, manchmal sogar fensterlosen Räumen wurden hellere, großzügiger bemessene Orte, die nahezu ideale Bedingungen zur Begrünung bieten. Badezimmer liegen selten in Richtung Süden und sind somit für die meisten Pflanzen geeignet, die viel Licht, aber keine pralle Sonne schätzen. Ferner bieten sie mit ihrer höheren Luftfeuchtigkeit nahezu ideale Bedingungen für viele tropische Pflanzen. Dabei kann man sich dann ganz von seinen Wünschen an eine persönliche Wellness-Oase leiten lassen: Haben Sie viel Platz und lieben exotisches Flair, dann sind sie mit Banane oder der Fischschwanzpalme gut bedient. Aber auch diejenigen, die »nur« über ein Fensterbrett verfügen, brauchen auf Pflanzen mit besonderem Flair nicht zu verzichten, wie die vorgestellte Auswahl zeigt.

Blühende Tillandsien finden hier ideale Bedingungen vor und bringen mit ihrem kräftigen Cyan den nötigen Farbtupfer in das sonst ganz weiß gehaltene Badezimmer.

1 Frauenhaarfarn
Adiantum raddianum

  ↑ 15–30 –

Romantischer Farn, der im Bad ideale Bedingungen vorfindet.
Wuchs: Rosettig. Wedel mit zarten Blättern und dünnen, schwarz glänzenden Stielen.
Blätter: Zarte, hellgrüne Blättchen.
Pflege: Standort hell, aber keine direkte Sonne. Gleichmäßig feucht halten. Hohe Luftfeuchtigkeit ist wichtig. Ganzjährig bei Zimmerkultur. Keine Zugluft. Mit kalkarmem, temperiertem Wasser gießen. Mäßig düngen (Azaleendünger).

2 Nestfarn
Asplenum nidus

  ↑ 30–70 –

Dekorativer Farn mit Urwald-Charme für feuchtwarme Standorte.
Wuchs: Trichterförmig angeordnete Wedel.
Blätter: Sattgrüne Farnwedel mit ganzrandigen, dekorativen Blättern.
Pflege: Standort hell bis schattig, ohne direkte Sonne. Warm, bodenwarm, gleichmäßig feucht und luftfeucht halten. Nicht direkt besprühen. Weiches, zimmerwarmes Wasser wird empfohlen.

3 Korbmaranthe
Calathea-Arten

  ↑ 30–60 –

Blattschmuckpflanze für Einzelstellung im Bad.
Wuchs: Buschiger Wuchs.
Blätter: Länglich ovale, lang gestielte, interessant gezeichnete Blätter; Blattunterseite oft rot.
Pflege: Am besten hell stellen, ohne direkte Sonne. Warmer (auch bodenwarmer), luftfeuchter Standort und gießen mit weichem Wasser sind Voraussetzungen für eine erfolgreiche Pflege.

Arten: *C. zebrina* – hellgrüne Blattnerven. *C. crocata* – mit schönen orangefarbenen Blüten und dunkelgrünen Blättern.

WOHNRÄUME

Fischschwanzpalme
Caryota mitis

○ 🖐 ↑ 100–300 ✿ – –

Ungewöhnliche Palme mit interessant geformten Blättern für große Bäder.
Wuchs: Buschig, mehrstämmig. Bis Zimmerhöhe.
Blätter: Palmenuntypische Blätter, die an einen Fischschwanz erinnern sollen.
Pflege: Sehr heller Standort, ohne pralle Sonne. Ganzjährig bei Zimmertemperatur. Für höhere Luftfeuchtigkeit, v. a. im Winter, sorgen. Kalkarmes Wasser verwenden. Hoher Wasserbedarf. Im Winter sparsamer gießen.

Kokospalme
Cocos nucifera

☀ 🖐 ↑ 50–200 ✿ – –

Für entspannendes Tropen-Feeling im Bad.
Wuchs: Typische Palme, wird in der Heimat bis 30 m hoch. Meistens werden Zwergformen angeboten, die im Zimmer bis 2 m Höhe erreichen.
Blätter: Zunächst ungeteilt, später die typischen Palmwedel.
Pflege: Temperatur ganzjährig über 18 °C und hohe Luftfeuchtigkeit notwendig. Im Winter zusätzliche Belichtung erwünscht. Gleichmäßig feucht halten.

Keulenlilie
Cordyline fruticosa

◐-◑ 🖐 ↑ 30–50 ✿ – –

Sehr dekorative Blattschmuckpflanze.
Wuchs: Buschig bzw. als Stämmchen. Bei jungen Pflanzen scheint der Blattschopf noch direkt aus der Erde zu kommen.
Blätter: Schwert- bis riemenförmige Blätter. Hell- oder dunkelgrüne Färbungen, oft mit rotem Randstreifen.
Pflege: Helligkeit ist zur Ausfärbung der Blätter wichtig. Warm, auch bodenwarm und luftfeucht.

Arten: *C. indivisa* oder *C. australis* als Kübelpflanzen (Kalthausarten).

4 Zierbanane
Ensete ventricosum

☼-○ | ☞ | ↑ 100–300 | ✿ - | -

Exotische Pflanze mit hohem Platzbedarf.
Wuchs: Bildet einen Scheinstamm, der aus den einzelnen Blattscheiden besteht.
Blätter: Grüne Blätter mit roter Mittelrippe.
Pflege: Im Sommer warm, luftfeucht und so hell wie möglich stellen. Im Winter kühl bei 10–15 °C, trockener, sehr hell (ideal im kühlen Wintergarten). Bei wärmerer Überwinterung für Helligkeit und hohe Luftfeuchte sorgen. Weiches Wasser.

Sorte: 'Maurelii' – bleibt kleiner, wächst schlanker.

5 Ruellie
Ruellia devosiana

○-◐ | ☞ | ↑ 10–30 | ✿ 10–12 | -

Ihre schön gezeichneten Blätter machen sie zu einer ganzjährig attraktiven Pflanze.
Wuchs: Buschig, leicht überhängend. Deshalb schön in Ampeln, Schalen, Amphoren.
Blätter: Meist gemustert mit helleren Blattadern.
Pflege: Standort hell, ohne direkte Sonne. Wichtig: Warm und luftfeucht. Keine Zugluft. Gleichmäßig feucht halten. Weiches, temperiertes Wasser. Rückschnitt nach der Blüte fördert den kompakten Wuchs.

6 Moosfarn
Selaginella-Arten

○-● | ☞ | ↑ 5–20 | ✿ - | -

Entweder als minimalistisches Solo in Schalen oder als zurückhaltende Begleitpflanze.
Wuchs: Polsterartig, niedrig. Gut geeignet für Schalen, Flaschengärten oder als Bodendecker. Sehr variantenreich, erinnert je nach Art an Moos.
Blätter: Blätter klein und schuppenartig angeordnet; auch panaschierte Sorten.
Pflege: Temperiert bei ca. 20 °C halten. Im Winter etwas kühler möglich. Wichtig: Hohe Luftfeuchtigkeit! Luftig, ohne Zugluft. Wasser weich, temperiert. Nicht über die Blätter gießen.

Diele, Flur und Treppenhaus

Das Treppenhaus, als nur vorübergehend benutzter Raum, wurde lange Zeit vernachlässigt. Man hat es als Durchgangsraum oft nicht für Wert befunden, es attraktiv zu gestalten. In den letzten Jahren hat sich auch hier ein Wandel vollzogen. Dielen und Treppenhäuser werden nicht nur freundlicher und wohnlicher gestaltet, sondern man bemüht sich auch den Raum aktiv zu nutzen, indem – wenn möglich – sogar Sitz- und Entspannungsecken eingeplant werden.

Sofern Treppenhäuser und Dielen über ausreichend Licht verfügen, bieten sie hervorragende Möglichkeiten Gewächse unterzubringen, die gerne ganzjährig etwas kühler stehen wollen oder als Winterquartier für Zimmerpflanzen, die eine winterliche Ruheperiode bei niedrigeren Temperaturen benötigen. Gerade Zimmerpflanzen, denen es im Winter in geheizten Räumen zu warm und lufttrocken ist, finden hier einen angenehmen Aufenthaltsort, bei denen sie ihre Schönheit richtig zur Geltung bringen können.

Hier finden sich neben Rankpflanzen und kleineren Gewächsen für das Fensterbrett auch größer werdende Zimmerpflanzen, die in einem geräumigen Treppenhaus erst so richtig ihre Wuchsform und Wirkung entfalten können.

Aus Dielen sind längst Wohnräume geworden, die gern mit Pflanzen verschönert werden.

1 Kalmus
Acorus gramineus

○-● | 🗲 | ↑ 20-40 | ✿ - | -

Pflegeleichte, minimalistisch wirkende Pflanze.
Wuchs: Horste. Langsam wüchsig.
Blätter: Grasartig. Grün oder mit weißen bzw. gelben Streifen.
Pflege: Pflegeleicht. Weiß- bzw. gelbbunte Sorten brauchen mehr Licht als grüne. Im Sommer gern draußen, im Winter so kühl wie möglich (Bunte frostfrei!). Ständig nass halten, kein Austrocknen (Sumpfpflanze!).
Hinweis: Aronstabgewächs, kein Gras!

2 Zimmeraralie
Fatsia japonica

○-◐ | 🗲 | ↑ 50-200 | ✿ - | -

Groß werdende imposante Blattschmuckpflanze für Einzelstellung.
Wuchs: Buschig. Schnellwüchsig.
Blätter: Glänzende, gefingerte, große Blätter (hanfähnlich). Auch weiß- bzw. gelb-bunt.
Pflege: Standort ganzjährig luftig und eher kühl. Panaschierte Sorten sind wärmeverträglicher. Je wärmer desto mehr auf ausreichend Licht und Luftfeuchtigkeit achten. Rückschnitt ist möglich.

3 Efeu
Hedera helix

○-● | 🗲 | ↑ 20-200 | ✿ - | !

Unkomplizierter Ranker für kühle und lichtärmere Standorte.
Wuchs: Kletternd, hängend oder kriechend. Gut für Ampeln oder als Bodendecker.
Blätter: Typische Efeublätter. Grüne, aber auch viele buntblättrige Sorten mit weiß- bzw. cremefarbigen Blattstellen.
Pflege: Liebt es kühl, luftfeucht, absonnig. Bunte Sorten brauchen mehr Licht (Blattzeichnung!) und Wärme als grüne. Im Sommer gern auf dem Balkon, im Winter in mäßig geheizten Räumen.

WOHNRÄUME

Jasmin
Jasminum polyanthum

☼-○ | ☞ | ↑ 25-200 | ✿ 3-5 | D

Dekorative Pflanze und berauschender Duft.
Wuchs: Starkwüchsiger Kletterer. Auch ohne Blüten eine sehr attraktive Pflanze.
Blüte: Viele weiße, intensiv nach Jasmin duftende Blüten; sternförmig mit Röhre.
Pflege: Während der Wachstumszeit hoher Wasser- und Nährstoffbedarf. Benötigt im Winter zur Blütenbildung eine Ruheperiode bei bis zu 10 °C.

Arten: *Jasminum officinale* – sehr ähnlich. *Jasminum sambac* – kann wärmer überwintert werden.

Mühlenbeckie
Muehlenbeckia complexa

☼-○ | ☞ | ↑ 50-100 | ✿ - | -

Vielseitige Blattschmuckpflanze, besonders schön für Ampeln, Spaliere oder Amphoren.
Wuchs: Kann kletternd oder hängend gezogen werden. Schnellwüchsig.
Blätter: Kleine, sattgrüne, fast kreisrunde Blättchen an langen Trieben.
Pflege: Gleichmäßige Bodenfeuchtigkeit sehr wichtig, weder Staunässe noch Austrocknung werden vertragen. Im Winter kühl und hell stellen. Im Sommer auch im Freien. Mäßiger Nährstoffbedarf.

Edel-Pelargonie
Pelargonium grandiflorum

☼-○ | ☞ | ↑ 20-60 | ✿ 4-7 | -

Romantische Pflanzen für Landhausflair.
Wuchs: Strauchig.
Blüte: Große Blüten in dichten Dolden in Weiß, Rosa, Rot und Violett; auch zweifarbig.
Pflege: Luftig stellen, aber ohne Zugluft. Mäßig, aber regelmäßig gießen. Kühle Überwinterung bei 10-15 °C zur Blütenanlage.
Hinweis: Im Gegensatz zu den Balkongeranien bevorzugen die Edelpelargonien einen sommerlichen Standort im Zimmer.

4 Duftgeranie
Pelargonium-Arten

      ↑ 20-50   ✿ 5-10   D

Schöne Pflanzen mit duftenden Blättern.
Wuchs: Sträucher aus Südafrika.
Blätter: Samtig behaart; duften bei Berührung nach den verschiedensten »Geschmacksrichtungen«, z. B. nach Rose, Muskat, Kiefer, Moschus.
Pflege: Sonnig stellen, den Sommer über im Freien. Mäßig gießen. Im Winter kühler Standort (zur Blütenbildung ca. 10 °C).
Hinweis: Ausgefallenere Arten beispielsweise über Spezialgärtnereien (Internet) beziehen.

5 Washingtonpalme
Washingtonia filifera

       100-200   -   !

Dekorative Palme mit typischen Palmwedeln.
Wuchs: Bildet im Alter Stämme aus. Die abgestorbenen Blätter bleiben an der Pflanze und können abgeschnitten werden.
Blätter: Fächerförmige, fast kreisförmige Blätter mit dekorativen Bastfäden.
Pflege: Standort sonnig bis hell, ohne pralle Sonne. Im Sommer gern draußen. Für gutes Gedeihen ist ein heller, kühler Winterstandort nötig.
Hinweis: Blattstiele mit spitzen Stacheln!

6 Efeuaralie
× *Fatshedera lizei*

◐-◑   ☞   ↑ 50-200   ✿ -   -

Interessante Mischung (Gattungsbastard) aus Efeu (*Hedera*) und Zimmeraralie (*Fatsia*).
Wuchs: Strauchiger Wuchs.
Blätter: Wie große Efeublätter (siehe Hinweis oben). Auch panaschierte Sorten erhältlich.
Pflege: Grüne Art bevorzugt Temperaturen knapp unter Zimmertemperatur. Panaschierte Sorten wärmer und heller. Gleichmäßig, aber mäßig feucht halten.
Sorte: 'Variegata' - mit creme-bunten Blättern.

WOHNRÄUME

Arbeiten im Home-Office

Das Computer-Zeitalter macht es möglich: Statt anonymer Büroräume und langer Anfahrtswege können viele Menschen von zu Hause aus arbeiten und gewinnen dadurch ein Stück Lebensqualität. Damit das volle Potenzial auch zum Tragen kommt, sollten Sie bestehende Möglichkeiten ausschöpfen und den Arbeitsraum bzw. die Arbeitsecke sowohl praktisch und funktional als auch ansprechend und wohnlich gestalten. Dabei spielen Pflanzen eine tragende Rolle, weil sie das Nützliche mit dem Schönen verbinden.
Gerade wenn Sie keinen eigenen Raum für ihr Büro, sondern nur eine Zimmerecke haben, sind Pflanzen bestens als schöne Raumteiler geeignet.

Sie bringen Natur und Lebendigkeit in eine sonst eher nüchterne Atmosphäre. Grün hat außerdem einen beruhigenden und harmonisierenden Einfluss auf den Menschen und verbessert nachgewiesenermaßen die Qualität der Raumluft: Pflanzen erhöhen die Luftfeuchtigkeit, binden Staub, verbessern die Raumakustik, vermindern die Keimbelastung und eliminieren Schadstoffe aus der Luft. Gerade die hier vorgestellten Pflanzen sorgen für ein positives Raumklima.

In einem mit pflegeleichten Grünpflanzen wie Palmen, Grünlilien, Efeu und Einblatt begrünten Büro macht Arbeiten doch gleich viel mehr Freude.

BÜRORAUM _ 120 | 121

1. Grünlilie
Chlorophytum comosum

 ↑ 30-50

Unverwüstliche Blattpflanze mit Charme.
Wuchs: Rosettig. Bildet lange Blütenschäfte mit unscheinbaren Blüten, an denen sich Kindel entwickeln (üppige »Schleppe«).
Blätter: Bogig überhängend. Schmale grüne Blätter; auch Sorten mit grünem oder weißem Streifen mittig bzw. außen am Blattrand.
Pflege: Pflegeleicht. Heller Standort, aber keine pralle Sonne. Panaschierte Arten benötigen etwas mehr Licht als grüne.

2. Drachenbaum
Dracaena-Arten

   ↑ 40-200

Pflegeleichtigkeit und eine moderne Ausstrahlung machen sie zu einer beliebten Büropflanze.
Wuchs: Stämme mit üppigen Blattschöpfen, meist verholzt.
Blätter: Schmale oder breite lanzettliche Blätter je nach Art. Auch buntblättrige Arten und Sorten.
Pflege: Hell stellen, ohne pralle Sonne. Ganzjährig bei Zimmertemperatur. Keine Zugluft. Bunte Arten benötigen höhere Luftfeuchte, mehr Licht als grüne.

3. Efeutute
Epipremnum aureum

  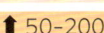 ↑ 50-200

Üppig wachsende Kletterpflanze. Schön in Ampeln oder auch als Raumteiler geeignet.
Wuchs: Kletternd bzw. hängend.
Blätter: Goldgelb gefleckte Blätter. Je lichtärmer der Standort desto mehr vergrünen die Blätter.
Pflege: Pflegeleicht. Keine direkte Sonne. Ganzjährig bei Zimmertemperatur, im Winter etwas kühler möglich. Mäßig gießen. Temperiertes, kalkarmes Wasser verwenden.

Sorte: 'Neon' – mit gelben Blättern.

WOHNRÄUME

Schwertfarn
Nephrolepis exaltata

◐-◑ | 🖐 | ↕ 20-100 | ✿ - | -

Büropflanze für Dschungel-Feeling.
Wuchs: Rosettenförmiger Wuchs.
Blätter: Typische Farnwedel in verschiedenen Formen von einfachen, glatten Blättchen bis zu gekräuselten Formen.
Pflege: Standort hell, ohne pralle Sonne. Ganzjährig bei Zimmertemperatur. Höhere Luftfeuchtigkeit. Gleichmäßige Bodenfeuchtigkeit ist wichtig! Mit kalkarmem, temperiertem Wasser gießen.
Hinweis: Manchmal Ausläufer (Vermehrung!).

Philodendron
Philodendron bipinnatidium (Ph. selloum)

◐ | 🖐 | ↕ 50-140 | ✿ - | -

Effektvoller, nicht kletternder Philodendron mit hohem Platzbedarf für Einzelstand.
Wuchs: Wächst buschig und eher breit, nicht kletternd. Bildet im Alter einen kurzen Stamm.
Blätter: Tief eingebuchtet, fast fiederblättrig (nicht ganz bis zur Mittelrippe).
Pflege: Pflegeleicht. Ganzjährig bei Zimmertemperatur. Im Winter gern kühler. Höhere Luftfeuchtigkeit erwünscht. Mäßig feucht halten. Blätter gelegentlich feucht abwischen.

Bogenhanf
Sansevieria cylindrica

☀-◐ | 🖐 | ↕ 25-100 | ✿ - | -

Extravagante Pflanze im »Irokesen-Look«.
Wuchs: Langsam wachsende Pflanze. Wuchshöhe und Habitus sind abhängig von der Sorte.
Blätter: Aufrechte, steife, zylindrische Blätter mit Querstreifen, verjüngen sich nach oben.
Pflege: Wichtigste Regel: Mäßig gießen! Wasser darf Kalk enthalten. Ganzjährig bei Zimmertemperatur. Im Winter etwas kühler möglich. Kommt gut mit trockener Zimmerluft zurecht.

Sorte: 'Sykline' – sieht sehr modern aus mit dolchartigen, oft fächerförmig angeordneten Blättern.

4 Strahlenaralie
Schefflera actinophylla

○ ☞ ↑ 40-150 ✿ - !

Dekorativer Blattschmuck, glänzende Blätter.
Wuchs: Buschiger Zimmerbaum.
Blätter: Strahlenförmig angeordnete, glänzende Blätter. Auch panaschierte Sorten.
Pflege: Pflegeleicht. Standort hell, ohne pralle Sonne. Gemäßigte Zimmertemperaturen, v. a. im Winter. Luftig, ohne Zugluft. Gelegentlich die Blätter abduschen oder abwischen.

Art: *Sch. arboricola* – ähnlich, mit kleineren Blättern und schmalerem Wuchs.

5 Einblatt
Spathiphyllum floribundum

○-● ☞ ↑ 25-60 ✿ 3-9 !

Beliebte und robuste Pflanze mit schönen Blättern und fast ganzjährigen Blüten.
Wuchs: Buschig, aufrecht. Langgestielte, lanzettliche, ungeteilte Blätter.
Blüte: Blütenstände mit gelbem Blütenkolben und weißen Hochblatt (Spatha), vergrünt mit der Zeit.
Pflege: Pflegeleicht. Hell, ohne direkte Sonne. Ganzjährig bei Zimmertemperatur. Luftfeucht. Mäßig, aber gleichmäßig feucht.

Art: *Sp. wallisii* – ähnlich, aber kleiner.

6 Purpurtute
Syngonium podophyllum

○-◐ ☞ ↑ 50-200 ✿ - -

Blattschmuckpflanze, schön zum Beranken von Gittern oder hängend in Ampeln.
Wuchs: Als Hängepflanze oder an einem Spalier bzw. an einem Moosstab ziehen.
Blätter: Blätter an Jungpflanzen sind pfeilförmig; ältere Blätter geteilt. Meist mit gelblich oder weiß gemustertem Laub.
Pflege: Wünscht eine höhere Luftfeuchte. Panaschierte Sorten sind empfindlicher und benötigen auch mehr Licht als grüne Sorten.

BEZUGSQUELLEN/STICHWORTVERZEICHNIS

Adressen, die Ihnen weiterhelfen

Zimmerpflanzen
Duftpelargonien
Kräuterei Silvia Heinrich
Alexanderstr. 29
26121 Oldenburg
Tel.: 04 41/88 23 68
www.kraeuterei.de

Rühlemann's Kräuter &
Duftpflanzen
Auf dem Berg 2
27367 Horstedt
Tel.: 0 42 88/92 85 58
www.ruehlemanns.de

Uhlig Kakteen
Postfach 1107
71385 Kernen
Tel: 0 71 51/4 18 91
www.uhlig-kakteen.de

Palme Per Paket
Tobias W. Spanner
Am Schnepfenweg 57
80995 München
Tel.: 0 89/1 57 79 02
www.palmeperpaket.de

Gartenbedarf
Gärtner Pötschke
Beuthener Str. 4
41561 Kaarst
Tel.: 0 18 05/86 11 00
www.gaertner-poetschke.de

Dehner GmbH & Co. KG
Donauwörther Str. 3-5
86641 Rain
Tel. 0 90 90/77-0
www.dehner.de

Gefäße
Soendgen Keramik GmbH
Töpferstr. 1-9
53343 Wachtberg-Adendorf
Tel.: 0 22 25/88 51 - 0
www.soendgen.de

Scheurich GmbH & Co.KG
Gottlieb-Wagner-Straße
63924 Kleinheubach/Main
Tel.: 0 93 71/5 07 - 0
www.scheurich.de

Scheurich-Gefäße erhalten Sie in Baumärkten, Gartencentern und beim Floristen

LECHUZA
geobra Brandstätter
GmbH & Co. KG
Brandstätterstr. 2-10
90513 Zirndorf
Tel.: 09 11/96 66 16 60
www.lechuza.com

ELHO
Atlasstraat 11
5047 RG Tilburg, Niederlande
Tel.: 0031/13/5 15 78 00
www.elho.nl

Bewässerungssysteme
belacadia Aquasticks
ARKADIA – das grüne Zentrum
Siegfried Müller e.K.
Am Alten Friedhof 5
31275 Lehrte-Arpke
Tel.: 0 51 75/9 20 31
www.belacadia.de

Blumat
bambach GbR
Karlsbader Str. 28
74211 Leingarten
Tel.: 0 71 31/6 42 12 00
www.blumat.de

Substrate, Dünger
W. Neudorff GmbH KG
An der Mühle 3
31860 Emmerthal
Tel.: 0 51 55/62 40
www.neudorff.de

COMPO GmbH & Co. KG
Beratungsservice
Gildenstraße 38
48157 Münster
Tel.: 02 51/3 27 72 01
www.compo-hobby.de

Substral
Scotts Celaflor GmbH & Co. KG
Wilhelm-Theodor-Römheld-Str. 28
55130 Mainz
Tel.: 0 61 31/21 06 - 0
www.substral.de

SERAMIS®
MARS GmbH
Am Bollscheid
56424 Mogendorf
Tel.: 0 18 05/3 00 - 3 80
www.seramis.de

Interessante Gartenlinks
Informationen zu Zimmerpflanzen sowie weitere Bezugsquellen finden Sie z. B. unter:
www.plants-for-people.de
www.zimmerpflanzen-lexikon.info
www.pflanzenfreunde.com
www.orchideenforum.de

Stichwortverzeichnis

Abutilon × *hybridum* 29
– *megapotamicum* 21
– *pictum* 'Thompsonii' 29
– × *hybridum* 37, 89
Acalypha amentacea
  subsp. *wilkesiana* 51
– *chamedrifolia* 21
– *hispaniolae* 21
– *hispida* 9
Achimenes-Hybriden 33
Acorus gramineus 117
Adenium obesum 97
Adiantum raddianum 113
Aechmea fasciata 57
Aeonium 73
– *arboreum* 73
Aeschynanthus marmoratus 21
-Arten 21
Affenschaukel 81
Aglaonema commutatum 57, 83
Allamanda cathartica 37
Aloe vera 73
Aloe, Echte 73
Alpenveilchen 42, 45
Anigozanthos flavidus 93
Anthurium × *andraeanum* 9, 83
– × *scherzerianum* 9, 83
Araucaria heterophylla 105
Ardisia crenata 17
Asparagus-Arten 77
Aspidistria elatior 25
Aucuba japonica 17
Azalee, Zimmer- 43, 107

Bambus, Zimmer- 95
Banane, Zier- 115
Bauernorchidee 81
Beaucarnea recurvata 29, 97
Begonia boweri 51
– *elatior* 37, 41
-Elatior-Hybriden 9, 37, 41
– *masoniana* 'Iron cross' (Eisernes Kreuz) 51
-Rex-Hybriden 51
Begonie, Blatt- 51
–, Blüten- 9, 37, 41
Bergpalme 67, 106
Billbergia nutans 25, 97
Blatt-Begonie 51

Blattkaktus 74, 109
Blaues Lieschen 34, 78
Bleistift-Euphorbie 74, 94, 98
Blütenbegonie 9, 37, 41
Bogenhanf 27, 122
Bougainvillea glabra 22
– *spectabilis* 22
Bougainvillee 22
Braut-Myrte 14, 79, 106
Browallia speciosa 33
Browallie 33
Brunfelsia pauciflora var. *calycina* 33
Brunfelsie 33
Brutblatt 110
Bryophyllum manginii 77
Bubiköpfchen 111
Buntnessel 52

Calathea crocata 51, 113
– *zebrina* 51, 113
Calathea-Arten 51, 113
Callisia repens 77
Camellia japonica 41, 105
Campanula isophylla 34, 89
Capsicum annuum 17
Carex brunnea 105
Caryota mitis 67, 93, 114
Catharanthus roseus 41, 89
Cattleya 63
Cattleya-Arten 63
-Hybriden 63
Ceropegia linearis 109
– *linearis* ssp. *woodii* 57
– *sandersonii* 57, 109
Chamaedorea elegans 67, 106
Chamaerops humilis 67
Chlorophytum comosum 25, 121
Chrysalidocarpus lutescens 68, 101
Cissus antarctica 101
– *rhombifolia* 78
Citrus-Arten 13, 18
Clerodendrum ugandense 34
Clivia miniata 38
Cocos nucifera 114
Codiaeum variegatum 52, 93

Codonanthe 22
Codonanthe crassifolia 22
Coffea arabica 18, 83
Coleus scutellarioides 52
Columnea-Arten 84
-Hybriden 84
Cordyline australis 52, 114
– *fruticosa* 52, 114
– *indivisa* 52, 114
Crassula ovata 26
– *ovata* 'Horntree' 73
Crossandra 38
Crossandra infundibuliformis 38
Ctenanthe 58, 84
Ctenanthe-Arten 58, 84
– 'Greystar' 58, 84
– *burle-marxii* 'Amagris' 58, 84
Cupressus macrocarpa 13, 90
Cyclamen persicum 42, 45
Cymbidium 63
Cymbidium-Hybriden 63
Cyperus-Arten 84
– *papyrus* 84
Cytisus × racemosus 14, 38

Dattelpalme, kanarische 27, 69
Dendrobium 64
Dendrobium-Hybriden 64
Dickähre, Gelbe 10
Dickblatt 73
Dieffenbachia-Arten 61
Dieffenbachie 61
Dipladenie 23
Dischidia pectenoides 94
– *vidalii* 94
Dracaena-Arten 30, 85, 98, 121
– *fragrans* 30, 98
– *marginata* 30, 98
Drachenbaum 30, 85, 98, 121
Drehfrucht 35
Duftgeranie 15, 80, 119

Echinocactus grusonii 74
Edel-Lieschen 91
Edel-Pelargonie 35, 42, 79, 118
Efeu 78, 117
Efeuaralie 119

Efeutute 58, 109, 121
–, Gefleckte 59
Einblatt 47, 87, 123
Elefantenfuß 29, 97
Elefantenohr-Kalanchoe 58
Ensete ventricosum 115
Epiphyllum-Hybriden 74, 109
Epipremnum aureum 109, 121
– *pinnatum* 58
Erbsen am Band 23
Eucharis × grandiflora 45
Euphorbia ingens 85
– *tirucalli* 74, 94, 98
– *trigona* 85
Euphorbie, Bleistift- 74, 94, 98
Exacum affine 34, 78

Falscher Jasmin 23
Farn
–, Frauenhaar- 113
–, Nest- 113
–, Rippen- 71
–, Saum- 71
–, Schwert- 71, 122
× *Fatshedera lizei* 119
Fatsia japonica 117
Feige 18
–, Geigen- 98
Feigenkaktus 75, 94
Fensterblatt 26, 101
Ficus cyathistipula 18
– *deltoidea* 19
– *elastica* 26
– *lyrata* 98
– *microcarpa* 99
– *pumila* 'Variegata' 61
Fischschwanzpalme 67, 93, 114
Fittonia verschaffeltii 53
Fittonie 53
Flamingoblume 9, 83
Flammendes Käthchen 39
Flaschenpflanze 75
Frauenhaarfarn 113
Frauenschuh 49, 65
Fuchsschwanz, Hängender 21

Gardenia jasminoides 10, 13, 45, 90
Gardenie 10, 13, 45, 90
Gefleckte Efeutute 59

Geigenfeige 98
Geißklee 14, 38
Geldbaum 26
Genista × spachiana 14, 38
Geranie, Duft- 15, 80, 119
Glockenblume 34, 89
Glückskastanie 31, 102
Glücksklee 55
Goldfruchtpalme 68, 101
Goldorange 17
Goldtrompete 37
Grünlilie 25, 121
Gummibaum 26
Gynura aurantiaca 55

Hängender Fuchsschwanz 21
Hatiora gaertneri 42, 90, 106
Hedera helix 78, 117
Henne mit Küken 61, 111
Herzkelch 45
Hibiscus rosa-sinensis 10, 30, 39, 79
Hibiskus 10, 30, 39, 79
Howea forsteriana 68, 85
Hoya carnosa 46
– *lanceolata* subsp. *bella* 22
Hypoestes phyllostachya 53

Impatiens-Neuguinea-Hybride 91
Isolepis cernua 86

Jasmin 14, 46, 118
Jasminum officinale 14, 46, 118
– *polyanthum* 14, 46, 118
– *sambac* 14, 46, 118
Jatropha podagrica 75
Justicia brandegeana 49

Kalanchoe daigremontiana 110
– *pinnata* 110
Kaffeestrauch 18, 83
Kaktus-Wolfsmilch 85
Kalanchoe beharensis 58
– *blossfeldiana* 39
– *tomentosa* 59

Kalanchoe, Samt- 58
Kalla, Zimmer- 47, 87
Kalmus 117
Kamelie 41, 105
Kanarische Dattelpalme 27, 69
Kängurublume 93
Känguruwein 101
Kannenpflanze 49
Kastanienwein 103
Katzenohr 59
Katzenschwanz 9
Kentiapalme 68, 85
Keulenlilie 52, 114
Kletterfeige 61
Klivie 38
Kokospalme 114
Kolbenfaden 57, 83
Kolumnee 84
Königin der Nacht 15, 46
Königswein 78
Korallenkaktus 75
Korallenmoos 19
Korallenstrauch 19
Korbmarante 51, 113
Kranzschlinge 15, 47
Kriechende Samtpappel 21
Kroton 52, 93
Kussmäulchen 39

Lanzenrosette 57
Leuchterblume 57, 109
Livistona australis 68, 99
– *chinesis* 68
– *rotundifolia* 68, 99
Livistonie 68, 99
Lorbeerfeige 99
Losstrauch 34

Madagaskar-Immergrün 41, 89
Madagaskarglöckchen 77
Mandevilla 'Sundaville red' 23
– *boliviensis* 23
– *sanderi* 23
Marantha leuconeura 'Fascinator' 53
Miltonia 64
Miltoniopsis-Hybriden 64
Mistelfeige 19
Monstera deliciosa 26, 101
Moosfarn 115
Muehlenbeckia complexa 118

REGISTER

Mühlenbeckie 118
Myrte, Braut- 14, 79, 106
Myrtus communis 14, 79, 106

*N*ematanthus 'Glabra' 39
Nepenthes-Hybriden 49
Nephrolepis exaltata 122
Nertera granadensis 19
Nestfarn 113

*O*puntia-Arten 75, 94
– *ficus-indica* 94
– *microdasys* 94
Opuntie 75, 94
Orange 13, 18
Orchidee
–, Cattleya 63
–, Cymbidium 63
–, Dendrobium 64
–, Frauenschuh- 65
–, Paphiopedilum 49, 65
–, Schmetterlings- 65, 102
–, Stiefmütterchen- 64
Osterkaktus 42, 90, 106
Oxalis triangularis 55

*P*achira 31, 102
P. aquatica 31, 102
Pachystachys lutea 10
Palmlilie 27
Pandanus tectorus 102
– *veitchii* 102
Paphiopedilum-Hybriden 49, 65
Papyrus 84
Paradiesnessel 51
Passiflora caerulea 95
Passionsblume 95
Pelargonie, Edel- 35, 42, 79, 118
Pelargonium-Arten 15, 80, 119
– *grandiflorum* 35, 42, 79, 118
Pellaea rotundifolia 110
– *viridis* 110
Pellefarn 110
Pentas 11, 43
Pentas lanceolata 11, 43
Peperomia caperata 55
Pfeilwurz 53
Phalaenopsis-Hybriden 65, 102

Philodendron 107, 110, 122
–, Kletternder 103
–, Rotblättriger 103
Philodendron bipinnatidium 107, 122
– *erubescens* 103
– *scandens* 103
– *selloum* 107, 122
– 'Xanadu' 110
Phoenix canariensis 27, 69
Ph. roebelenii 27, 69
Plectranthus scutellarioides 52
Pogonatherum paniceum 95
Polystichum falcatum 107
Punktblume 53
Purpurtute 23, 123

*R*adermachera sinica 86
Rhapis excelsa 69
Rhapis humilis 69
Rhipsalidopsis gaertneri 42, 90, 106
Rhipsalis-Arten 75
Rhododendron simsii 43, 107
Rippenfarn 71
Rosa-Arten 11, 91
-Hybriden 11, 91
Roseneibisch, Chinesischer 10, 30, 39, 79
Ruellia devosiana 115
Ruellie 115

*S*aintpaulia ionantha 11, 35, 80
Samt-Kalanchoe 58
Samtpappel, Kriechende 21
Samtpflanze 55
Sansevieria cylindrica 27, 122
– *trifasciata* 27
Saumfarn 71
Saxifraga stolonifera 80
Schamblume 21
Schefflera actinophylla 86, 99, 123
– *arboricola* 86, 99
Schiefteller 33
Schizanthus × *wisetonensis* 81
Schlumbergera-Hybriden 43, 91

Schmetterlings-Orchidee 102
Schönmalve 29, 37, 89
Schönpolster, Kriechendes 77
Schraubenbaum 102
Schusterpalme 25
Schwertfarn 71, 122
Schwiegermuttersessel 74
Scindapsus pictus 59
Sedum morganianum 81
Segge 105
Selaginella-Arten 115
Selenicereus grandiflorus 15, 46
Senecio rowleyanus 23
Sichelfarn 107
Simse 86
Solanum pseudocapsicum 19
Soleirolia soleirolii 111
Sparrmannia africana 31, 81
Spathiphyllum 'Sensation' 47, 87
– *floribundum* 123
– *wallisii* 47, 87
Spitzenblume 17
Steckenpalme
–, Hohe 69
–, Niedere 69
Steinbrech, Hängender 80
Stephanotis floribunda 15, 47
Strahlenaralie 86, 99, 123
Streptocarpus-Hybriden 35
Syngonium podophyllum 23, 123

*T*etrastigma voinieranum 103
Tiger-Begonie 51
Tillandisa cyanea 95
Tillandsie 95
Tolmiea menziesii 61, 111
Topfrose 9, 11
Tradescantia fluminensis 111
– *pendula* 59
Tradeskantie 111

*U*rnenpflanze 94
Usambaraveilchen 11, 35, 80

*W*achsblume 22, 46
Washingtonia filifera 69, 119
Washingtonpalme 69, 119
Weihnachtskaktus 43, 91
Wolfsmilch, Kaktus- 85
Wüstenrose 97

*Y*ucca 27
Yucca elephantipes 27

*Z*amioculcas
– *zamiifolia* 87
Zantedeschia aethiopica 47, 87
Zebrakraut 59
Zebrina pendula 59
Zier-Spargel 77
Zierbanane 115
Zierpaprika 17
Zimmer-Zypresse 13, 90
Zimmeraralie 117
Zimmerazalee 43, 107
Zimmerbambus 95
Zimmeresche 86
Zimmerhafer 25, 97
Zimmerhopfen 49
Zimmerkalla 47, 87
Zimmerlinde 31, 81
Zimmertanne 105
Zitrone 13, 18
Zwerg-Dattelpalme 27
Zwergpalme 67
Zwergpfeffer 55
Zypergras 84
Zypresse, Zimmer- 13, 90

Über die Autorin

Die studierte Gartenbau-Ingenieurin **Johanna Kulzer** ist passionierte Zimmerpflanzen-Gärtnerin und begeistert sich für Design-Fragen und Raumgestaltung. Sie ist Inhaberin der Firma GreenCoach® und führt individuelle Begrünungen für Privat- und Geschäftskunden durch (www.greencoach.de).

Wichtige Hinweise!

Es wird allgemein empfohlen, mit allen Zimmerpflanzen eine gewisse Vorsicht walten zu lassen und sie vor allem dem Zugriff kleiner Kinder zu entziehen. Allergische Kontaktreaktionen können bei empfindlichen Personen grundsätzlich nicht ausgeschlossen werden.
Einige der hier beschriebenen Pflanzen sind giftig oder Haut reizend; die Hinweise dazu erheben keinen Anspruch auf Vollständigkeit. Pflanzen oder Teile davon dürfen nicht verzehrt werden. Falls Kinder oder Haustiere Teile von Pflanzen verschlucken, sollten Sie zur Sicherheit einen Hausarzt aufsuchen.
Wenn Sie sich bei der Arbeit mit/der Pflege von Zimmerpflanzen verletzen, sollten Sie umgehend einen Arzt aufsuchen. Eventuell ist eine Impfung gegen Tetanus erforderlich.
Bewahren Sie Dünge- und Pflanzenschutzmittel für Kinder und Haustiere unerreichbar auf.

**Bibliografische Information
der Deutschen Nationalbibliothek**
Die Deutsche Nationalbibliothek verzeichnet diese Publikation in der Deutschen Nationalbibliografie; detaillierte bibliografische Daten sind im Internet über http://dnb.d-nb.de abrufbar.

BLV Buchverlag GmbH & Co. KG
80797 München

© 2010 BLV Buchverlag GmbH & Co. KG, München

Das Werk einschließlich aller seiner Teile ist urheberrechtlich geschützt. Jede Verwertung außerhalb der engen Grenzen des Urheberrechtsgesetzes ist ohne Zustimmung des Verlags unzulässig und strafbar. Das gilt insbesondere für Vervielfältigungen, Übersetzungen, Mikroverfilmungen und die Einspeicherung und Verarbeitung in elektronischen Systemen.

Bildnachweis:
BBH/Blumenbüro Holland: 13u, 15u, 24, 27m, 28, 30o, 43u, 49m, 55m, 58m, 68u, 73u, 75o, 75u, 82, 83m, 87m, 93o, 93u, 95u, 96, 104, 108, 112, 114u, 119m; Cyclamen Colour Europe: 42o, 45o; Eisenbeiss: 15m, 46u; Floradania: 1, 4u, 9o, 9m, 11m, 11u, 25u, 33m, 34u, 37m, 41o, 50, 55u, 59o, 79m, 80m, 80u, 81m, 94o, 97o, 103m, 105u, 109o, 111o, 115u, 117o, 121m; Flora Press: 13m, 18m, 35o, 44, 69u, 79m, 88, 92, 120, 123m; Flora Press/Ute Köhler: 55o, 61u; Flora Press/Living & More: 36, 48, 54; Flora Press/Visions: 17m, 18o, 23m, 31o, 38m, 56, 67o, 89u, 93m, 102o, 111u, 113u, 114o, 118o; Köhler: 5o, 72; Kulzer: 18u, 18u/Einklinker, 69m; Forest & Kim Starr: 19o/Einklinker; Strauß: 2/3, 4o, 4m, 5m, 5u, 7o, 8, 9u, 10o, 10m, 10u, 11o, 12, 13o, 14o, 14m, 14u, 15o, 16, 17o, 18o, 19m, 19u, 20, 21o, 21m, 21u, 22o, 22m, 22u, 23o, 23u, 25o, 25m, 26o, 26m, 26u, 27o, 27u, 29o, 29u, 30u, 31u, 32, 33o, 33u, 34o, 34m, 35m, 35u, 37o, 37m, 38o, 38u, 39o, 39u, 40, 41m, 41u, 42m, 42u, 43o, 43m, 45m, 45u, 46o, 46m, 47o, 47m, 47u, 49o, 51o, 51m, 51u, 52o, 52m, 52u, 53o, 53m, 53u, 57o, 57m, 57u, 58o, 58m, 59m, 59u, 61o, 61m, 60, 62, 63o, 63u, 64o, 66, 67m, 67u, 68o, 68m, 69o, 70, 71o, 71m, 71u, 73o, 73m, 74o, 74m, 74u, 75m, 76, 77o, 77m, 77u, 78o, 78m, 78u, 79o, 80o, 81o, 81u, 83o, 83u, 84o, 84m, 84u, 85o, 85m, 85u, 86o, 86m, 86u, 87o, 87u, 89o, 89m, 90o, 90m, 90u, 91o, 91m, 91u, 94m, 94u, 95o, 97o, 97u, 98o, 98m, 98u, 99o, 99m, 99u, 100, 101o, 101m, 101u, 102u, 103o, 103u, 105o, 105m, 106o, 106m, 106u, 107o, 107m, 109m, 109u, 110o, 110m, 110u, 111m, 113o, 113m, 114m, 115o, 115m, 116, 117m, 117u, 118m, 118u, 119o, 119u, 121u, 122o, 122m, 123o, 123u; www.elho.de: 122u; www.scheurich.de: 17u, 39m, 49u, 64u, 65o, 65u, 95m, 102u, 107u, 121o; Umschlagfotos Vorder- und Rückseite: Friedrich Strauß

Lektorat: Dr. Thomas Hagen
Redaktion: Schreibergarten Judith Starck
Herstellung: Ruth Bost
Satz: Uhl + Massopust, Aalen

Gedruckt auf chlorfrei gebleichtem Papier

Printed in Germany
ISBN 978-3-8354-0743-5

Welcher Zimmerpflanzen-Typ bin ich?

Es gibt sie: die Zimmerpflanzen, die optimal zu Ihnen passen. Auf dem Markt finden Sie eine unendliche Vielfalt von Angeboten, die einem die Wahl nicht leicht machen. Ziehen Sie kleine den großen Gewächsen vor? Schwanken Sie zwischen reinen Blattstrukturen oder üppiger Blütenpracht? Haben Sie ihn, den Grünen Daumen oder mögen Sie es doch lieber pflegeleicht? Mit unserem Pflanzentest erfahren Sie leicht und schnell, welche „grünen Mitbewohner" ideal für Sie sind.

Machen Sie den Pflanzentest auf www.blv.de

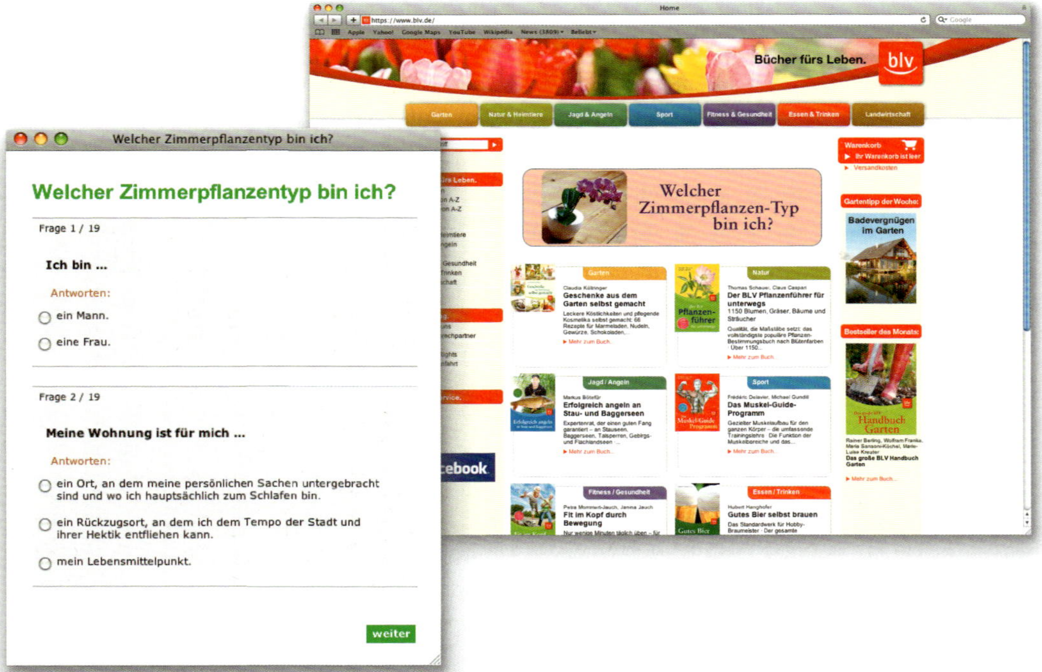

Bücher fürs Leben.